高职高专系列

21 世纪高校计算机应用技术系列规划教材

丛书主编 谭浩强

U0133812

Access 数据库实用技术

（第二版）

邵丽萍　主编　张后扬　吕希艳　编著

中国铁道出版社
CHINA RAILWAY PUBLISHING HOUSE

内 容 简 介

本书是有关 Microsoft Access 基本使用方法以及数据库应用系统开发技术的一本教科书。全书分为 9 章，由浅入深、循序渐进地介绍了 Access 关系数据库的基本特性和操作方法，表、查询、窗体、报表、页、宏、模块数据库对象的创建和使用方法以及数据库应用系统开发的一般过程。全书采用"汇科电脑公司数据库"贯穿全书的方式，以理论联系实际的方法讲解知识、介绍操作技巧，叙述详尽、概念清晰。读者可以一边学习一边实践，轻松掌握 Access 数据库及其系统开发的技术。

本书内容全面，结构完整，深入浅出，图文并茂，通俗易懂，可读性、可操作性强，适合作为高职高专学校、数据库培训班的教材和全国计算机等级考试二级 Access 考试的参考书，也可以作为 Access 数据库应用系统工作者的工作用书。

图书在版编目（CIP）数据

Access 数据库实用技术 / 邵丽萍主编. —2 版. —北京：
中国铁道出版社，2009.4
（21 世纪高校计算机应用技术系列规划教材. 高职高专
系列）
ISBN 978-7-113-09949-7

Ⅰ. A… Ⅱ. 邵… Ⅲ. 关系数据库－数据库管理系统，
Access－高等学校：技术学校－教材 Ⅳ. TP311.138

中国版本图书馆 CIP 数据核字（2009）第 060764 号

书　　名：Access 数据库实用技术（第二版）
作　　者：邵丽萍　主编

策划编辑：秦绪好　　　　　　　　　　　　编辑部电话：(010) 63583215
责任编辑：秦绪好
编辑助理：侯　颖　张爱华
封面制作：白　雪
责任印制：李　佳

出版发行：中国铁道出版社（北京市宣武区右安门西街 8 号　　邮政编码：100054）
印　　刷：北京市兴顺印刷厂
版　　次：2009 年 6 月第 2 版　　2009 年 6 月第 8 次印刷
开　　本：787mm×1092mm　1/16　印张：15.75　字数：356 千
印　　数：5000 册
书　　号：ISBN 978-7-113-09949-7/TP·3237
定　　价：25.00 元

21世纪高校计算机应用技术系列规划教材

21 世纪是信息技术高度发展且得到广泛应用的时代，信息技术从多方面改变着人类的生活、工作和思维方式。每一个人都应当学习信息技术、应用信息技术。人们平常所说的计算机教育其内涵实际上已经发展为信息技术教育，内容主要包括计算机和网络的基本知识及应用。

对多数人来说，学习计算机的目的是为了利用这个现代化工具工作或处理面临的各种问题，使自己能够跟上时代前进的步伐，同时在学习的过程中努力培养自己的信息素养，使自己具有信息时代所要求的科学素质，站在信息技术发展和应用的前列，推动我国信息技术的发展。

学习计算机课程有两种不同的方法：一是从理论入手；二是从实际应用入手。不同的人有不同的学习内容和学习方法。大学生中的多数人将来是各行各业中的计算机应用人才。对他们来说，不仅需要"知道什么"，更重要的是"会做什么"。因此，在学习过程中要以应用为目的，注重培养应用能力，大力加强实践环节，激励创新意识。

根据实际教学的需要，我们组织编写了这套"21 世纪高校计算机应用技术系列规划教材"。顾名思义，这套教材的特点是突出应用技术，面向实际应用。在选材上，根据实际应用的需要决定内容的取舍，坚决舍弃那些现在用不到、将来也用不到的内容。在叙述方法上，采取"提出问题—解决问题—归纳分析"的三部曲，这种从实际到理论、从具体到抽象、从个别到一般的方法，符合人们的认知规律，且在实践过程中已取得了很好的效果。

本套教材采取模块化的结构，根据需要确定一批书目，提供了一个课程菜单供各校选用，以后可根据信息技术的发展和教学的需要，不断地补充和调整。我们的指导思想是面向实际、面向应用、面向对象。只有这样，才能比较灵活地满足不同学校、不同专业的需要。在此，希望各校的老师把你们的要求反映给我们，我们将会尽最大努力满足大家的要求。

本套教材可以作为大学计算机应用技术课程的教材以及高职高专、成人高校和面向社会的培训班的教材，也可作为学习计算机的自学教材。

由于全国各地区、各高等院校的情况不同，因此需要有不同特点的教材以满足不同学校、不同专业教学的需要，尤其是高职高专教育发展迅速，不能照搬普通高校的教材和教学方法，必须要针对它们的特点组织教材和教学。因此，我们在原有基础上，对这套教材作了进一步的规划。

本套教材包括以下五个系列：

- 基础教育系列

- 高职高专系列

- 实训教程系列

- 案例汇编系列

- 试题汇编系列

其中基础教育系列是面向应用型高校的教材，对象是普通高校的应用型专业的本科学生。高职高专系列是面向两年制或三年制的高职高专院校的学生，突出实用技术和应用技能，不涉及过多的理论和概念，强调实践环节，学以致用。后面三个系列是辅助性的教材和参考书，可供应用型本科和高职学生选用。

本套教材自 2003 年出版以来，已出版了 70 多种，受到了许多高校师生的欢迎，其中有多种教材被国家教育部评为普通高等教育"十一五"国家级规划教材。《计算机应用基础》一书出版三年内发行了 50 万册。这表示了读者和社会对本系列教材的充分肯定，对我们是有力的鞭策。

本套教材由浩强创作室与中国铁道出版社共同策划，选择有丰富教学经验的普通高校老师和高职高专院校的老师编写。中国铁道出版社以很高的热情和效率组织了这套教材的出版工作。在组织编写及出版的过程中，得到全国高等院校计算机基础教育研究会和各高等院校老师的热情鼓励和支持，对此谨表衷心的感谢。

本套教材如有不足之处，请各位专家、老师和广大读者不吝指正。希望通过本套教材的不断完善和出版，为我国计算机教育事业的发展和人才培养做出更大贡献。

全国高等院校计算机基础教育研究会会长
"21世纪高校计算机应用技术系列规划教材"丛书主编

谭浩强

　　数据库技术于 20 世纪 60 年代末作为最新数据管理技术登上了历史舞台。几十年来，数据库技术得到了迅速的发展，相继出现了许多优秀的数据库管理系统，如 dBase、FoxBase、FoxPro、Oracle 等。Access 是微软公司 Office 办公套件中一个极为重要的组成部分，是世界上较流行的桌面数据库管理系统。它提供了大量的工具和向导，即使没有任何编程经验，也可以通过可视化的操作来完成大部分的数据库管理和开发工作。Access 功能强大，可以处理公司的客户订单数据，管理自己的个人通讯录，还可以对大量科研数据进行记录和处理。虽然 Access 出现的时间较晚，但它功能强大，容易使用，适应性强，目前已经成为用户开发中小型数据库管理系统的主要工具之一。

　　本书第一版受到了读者的好评，为了更好地体现 Access 的特点，更好地满足读者的需要，编者对本书重新进行了修订。本书仍以 Access 2003 版本为基础，对全书整体结构做了合理的调整，从数据库的基本概念入手，介绍 Access 数据库的功能与特点，以通俗易懂的语言逐步深入地介绍 Access 这一功能强大的数据库管理系统，通过"汇科电脑公司数据库"实例详述 Access 数据库对象——表、查询、窗体、报表、数据访问页、宏、模块的功能、作用及相互的关系，以及建立数据库应用系统的方法与步骤。

　　本书修订后仍然保持了以下特点：

　　1. 易读易懂、图文并茂

　　本书使用实例的方式介绍数据库的基本概念，使用图形说明上机操作的结果，读者可以一边学习一边实践，轻松掌握 Access 数据库及其应用系统开发的技术。

　　2. 任务（问题）驱动模式

　　在内容的编排上体现了新的计算机教学思想和方法，以"提出任务（问题）→完成任务（解决问题）的方法步骤实例→归纳必要的结论和概念"的任务（问题）驱动模式介绍 Access 数据库技术的基本内容与基本方法。

　　3. 简明扼要的"小结与提高"

　　本书每章最后都有"小结与提高"，便于读者复习本章知识点并在此基础上通过总结、归纳而有所提高。

　　4. 不同类型的练习题

　　在思考与练习题中将练习题按不同的完成方式分为两个类型：

　　第一类为问答题，是为巩固本章学习内容准备的。

　　第二类为上机操作题，是为练习本章上机内容准备的。

　　本书修订后，内容仍分为 9 章：第 1 章是 Access 数据库概述，介绍数据库的基本概念和 Access 数据库的功能特点，引导读者进入 Access 数据库的世界。第 2 章是基于 Access 的数据库，介绍数据库概念模型、逻辑模型、物理模型，通过具体实例讲解如何设计概念模型、逻辑模型、物理模型，并根据物理模型在 Access 数据库中创建空数据库，为使用 Access 数据库进行数据管理打下基础。第 3～8 章通过大量的操作实例介绍创建表、查询、窗体、报表、宏与模块六大数据库对象的方法与技术，为使用 Access 数据库以及建立数据库应用系统打下基础。第 9 章介绍开发数据库应用系统的一般方法，并以开发"汇科电脑公司数据库"为实例，介绍如何使用与创建 Access 的数据库对象，并通过主控界面、系统菜单把它们有机地结合起来，从而构成一个完整的数据库应用系统。

本书由邵丽萍拟订编写提纲及统稿，并编写了第 1、2、3 章，第 4、5 章由张后扬编写，第 6 章由吕希艳编写，第 7 章由李静编写，第 8 章由山西财经大学张巨通编写，第 9 章由张驰编写。

书中实例只是为了读者学习与练习使用，难免存在疏漏，请读者见谅。

编 者

2009 年 4 月

数据库技术于 20 世纪 60 年代末作为数据管理的最新技术登上了历史舞台。几十年来，数据库技术得到了迅速的发展，相继出现了许多优秀的数据库管理系统，如 dBase、FoxBase、FoxPro、Oracle 等。Access 是微软公司 Office 办公套件中一个极为重要的组成部分，是世界上最流行的桌面数据库管理系统。它提供了大量的工具和向导，即使没有任何编程经验，也可以通过可视化的操作来完成大部分的数据库管理和开发工作。Access 功能强大，可以处理公司的客户订单数据，管理自己的个人通讯录，还可以对大量科研数据进行记录和处理。虽然 Access 出现的时间较晚，但它功能强大，容易使用，适应性强，目前已经成为用户开发中小型数据库管理系统的主要工具之一。

本书以 Access 2003 版本为基础，从数据库的基本概念入手，介绍了 Access 数据库的功能与特点，以通俗易懂的语言逐步深入地介绍了 Access 这一功能强大的数据库管理系统，通过实例详细描述了 Access 中的各个数据库对象及其相互之间的关系。

作为一本教材，本书具有以下特点：

● 易读易懂、图文并茂

本书使用实例的方式介绍数据库的基本概念，使用图形说明上机操作的结果，读者可以通过一边学习一边实践的方式，达到掌握 Access 数据库及其应用系统开发技术的学习目的。

● 任务（问题）驱动模式

在内容的编排上体现了新的计算机教学思想和方法，以"提出任务（问题）→完成任务（解决问题）的方法、步骤、实例→归纳必要的结论和概念"的任务（问题）驱动模式介绍 Access 数据库技术的基本内容与基本方法。

● 简明扼要的"小结与提高"

本书每章都有对知识点的"小结与提高"，便于读者复习本章知识点并在此基础上通过总结、归纳而有所提高。

● 不同类型的练习题

在思考与练习题中将练习题按完成方式的不同分为两个类型：

第一类为问答题，是为复习本章学习内容准备的。

第二类为上机操作题，是为复习本章上机练习的内容准备的。

习题答案可以在天勤网站 http://edu.tqbooks.net/download.asp 中下载。

本书内容分为 9 章：

第 1 章是数据库技术概述，介绍数据库的基本概念和数据库技术的发展历程，引导读者进入数据库的世界。

第 2 章介绍数据库设计的基本内容。介绍数据库逻辑设计、物理设计的基本方法，为后面建立数据库打下基础。

第 3 章介绍使用 Access 创建数据库的基本内容。介绍 Access 数据库的基本环境以及创建空数据库的基本方法，为使用 Access 数据库进行数据管理的任务打下基础。

第 4～8 章介绍主要的数据库对象——表、查询、窗体、报表与页，为使用 Access 数据库以及建立数据库应用系统打下基础。

第 9 章介绍数据库对象宏、模块和一个"汇科电脑公司信息管理系统"实例，通过实例综合使用 Access 中的各个数据库对象，并把它们有机地结合起来，从而构成一个完整的数据库应用系统。

本书由邵丽萍统一编写提纲及统稿，并编写了第 1、2、3 章，第 4、5 章由张后扬编写，第 6 章由刘会齐编写，第 7 章由邵光亚、陆军编写，第 8 章由帅零、王英编写，第 9 章由张驰编写。张驰负责开发了"汇科电脑公司信息管理系统"中使用的数据库对象和 VBA 程序。

由于时间仓促再加上编者水平有限，书中难免存在疏漏和不妥之处，敬请广大读者和专家批评指正。

编　者
2005 年 6 月

目录

CONTENTS

第 *1* 章 | Access 数据库概述

学习目标

☑ 了解数据库与数据库技术的概念

☑ 了解数据与信息的概念

☑ 了解数据库与数据库管理系统的概念

☑ 了解数据库应用系统的概念

☑ 知道 Access 数据库的功能和特点

☑ 知道 Access 数据库的工作界面

☑ 知道 Access 常用数据库对象的作用

1.1 数据库的基本概念

什么是 Access 数据库？在弄清这个问题之前要先了解一些数据库的基本概念，本节的任务就是了解数据、信息、数据库、数据库管理系统、数据库系统等数据库的基本概念。

1.1.1 数据与信息

要了解什么是数据库，先要知道什么是数与数据。

1. 数的概念

在远古时代，人类处理事物的时候，不可避免地要遇到数的问题，例如，怎样才能记住自己的地里结了多少瓜，自己的马群有多少，采集果实的数量是多少（见图 1–1），捕获猎物的数量是多少，等等。其结果使他们逐渐产生了数的概念。可见，数是从这种最基本的人类需要中产生出来的。数的产生是人类思维开始的标志，数是人类特有的知识。

图 1–1 采集果实使人类遇到数的问题

把形象变成数字进行思考和认识的时候，人类的抽象思维便开始了。变象为数，是人类开蒙发智的最初一步，认识到象和数可以互相对应，使人类具备了认识抽象世界的能力。今天人类已进入了计算机时代，把图像转换成数字进行记录和转播，又把数字还原为图像，利用的仍然是人类最古老的知识，只不过人类运用象数转换的能力与技术已今非昔比。

2. 数据的概念

当有了数的概念后，人类开始考虑如何记数，开始时通过原始的结绳、石子等方式记数，例如用绳结、石子的多少记录猎获的动物数量、编织的衣物数量或分配的食物数量。随着古代人发明了数字 1、2、3、4、5、6、7、8、9、0，人们开始真正用数字来描述现实世界里的事物，并用某种物体，例如，竹子、兽皮等记录数字，因此产生了各种各样的数据。可见，数据是记录某种事物的凭据。我们现在使用的产品出库单、入库单、火车票、学生证等都是数据。

3. 数据的定义

为了更好地研究和使用数据，需要给出数据的定义。

定义 1   数据是对客观事物的记载，是存储在一种媒介物上的非随机的可以鉴别的一组物理符号，它通过有意识的组合来描述客观世界中某种事物（如人、物、事件、状态或活动等）的情况。

从数据的定义中可以看出，数据包含三方面的内容：

一是数量，它是对某种事物情况的反映或描述。数量用来表示实体的大小、状态、属性等，是数据记录的实质。

二是符号，可以是绳结、石子、数字、文字、字母和其他特殊字符，也可以是图形、图像、声音、语言、音乐等多媒体数据，还可以是物质的不同形态（如绳结的大小、石头的形状、烟火的浓淡、气味的不同、波的长短、电压的大小、光束的强弱等）。符号用来记录数量，是数据的描述方式。

三是媒介物，可以是实体介质（如绳子、温度计、风向仪等）、书写介质（如纸、金属、布等）、磁介质、电介质、光介质、半导体存储器、声介质、气态介质等。媒介物用来存储数据，是数据的载体。根据上述定义可知，购物发票、零件图纸等都是数据。

4. 数据的计算

有了数据的概念和记载数据的方法后，又出现了计算数据的需求，例如，今天捕获猎物的数量与昨天捕获猎物的数量放在一起是多少。人类开始考虑如何进行数据计算，通过数据的计算结果表示事物的变化。随着人类文明的进步，社会活动的更加活跃，数据计算越来越频繁，越来越复杂，人类又有了使用工具实现数据计算的机械化、自动化的欲望。

公元前 400 年左右，中国人发明了算盘来计算数据。

17 世纪初，苏格兰的数学家约翰·内皮尔斯发明了叫做"内皮尔斯骨"的计数装置。该装置的"骨"上是一块块写有数字的象牙，当骨正确排列时，用户能够读出相邻的数字以找出乘法操作的答案。

1617 年，人类又发明了计算尺。

1642 年，法国年仅 19 岁的布莱斯·帕斯卡发明了第一台自动计算机器（又称机械计算机），如图 1-2 所示。该装置是一种用时钟齿轮和杠杆制成的机械式计算器。在进行加法和减法运算时，使用齿轮计数，并利用杠杆完成从一个齿轮到另外一个齿轮

图 1-2   帕斯卡计算机器

的进位操作。该装置的问世标志了人类的计算工具开始向自动化迈进。Pascal 语言就是为了纪念帕斯卡在计算领域的贡献而以他的名字命名的。

1673 年，发明了能够进行加、减、乘、除运算的计算器。

1862 年，发明了具有商业化前途的"四则计算器"。该计算器不仅可以执行加、减、乘、除运算，并能以一定的精度计算平方根。

19 世纪初期，研制出可编程的织布机，同期还发明了使用蒸汽驱动的"差分机"、"分析机"。

1884 年，采用穿孔卡片和弱电流技术进行数据处理，制造了一台用来进行美国人口普查的制表机。

1939 年，发明了用电流继电器组装的可以自动完成工程运算过程的机器。

1946 年，诞生了 ENIAC（电子数字积分计算机），被公认为世界上第一台电子计算机。在 ENIAC 内部，总共安装了 17 468 支电子管、7 200 支二极管、70 000 多个电阻器、10 000 多个电容器和 6 000 个继电器，电路的焊接点多达 50 万个，机器被安装在一排 2.75 m 高的金属柜里，占地面积 170 m² 左右，总重量达到 30 t，如图 1-3 所示。

图 1-3　第一台电子计算机

ENIAC 有五种功能：

① 5 000 次加法运算/秒。

② 50 次乘法运算/秒。

③ 平方、立方运算。

④ sin、cos 函数计算。

⑤ 其他更复杂的运算。

一发炮弹的轨迹，ENIAC 用 20 s 就能算完，比炮弹本身的飞行速度还要快。 ENIAC 标志着电子计算机的问世，人类社会从此大步迈进了计算机时代的门槛。人类在数据运算能力上，有了质的飞跃。60 多年来，电子计算机以人们始料不及的速度发展着，以让人眼花缭乱的强大功能迅速渗透到社会的各个行业。

5. 数据的存储

在计算机出现之前，数据大部分用纸介质来存储。出现计算机后，它不仅可以用来进行高速数据运算，还可以用来存储海量的数据。我们常见的硬盘、闪存盘、光盘等都可以用来存储数据，它们都是计算机的外部设备。因此，计算机不仅可以进行数据运算，还可以用来存储数据。

6. 信息的定义

随着计算机在企业和组织中应用的不断深入，企业和组织中保存了大量的数据，数据已经成为企业和组织的一种重要资源，数据的重要性日益显现出来。如何在大量的数据中找到人们需要的数据？如何输出人们需要的数据？为了更好地研究数据的输出问题，这里引入了信息的概念。人们需要的数据就是信息。在数据处理领域中信息可以这样定义：

定义 2 信息是经过加工的数据；信息是事物之间相互联系、相互作用的数据；信息是对决策者有价值的数据；信息是决策者预先不知道的数据。

信息与数据既有区别又有联系，数据是客观存在的，信息具有一定的主观性。例如，北京的天气预报，它对北京人来说是信息，对其他地方不关心北京天气的人来说就是数据。信息和数据的关系犹如产品与原料，如图 1-4 所示。例如，可以通过多年某地的计算机销售量（数据）计算出今年的销售预测量（信息），该信息可帮助管理者确定今年的生产计划。在将数据加工为信息时，现在使用的工具一般都是计算机。

图 1-4　数据与信息的关系

信息与数据是不可分离的，信息是数据反映的实质，数据是信息的物理形式。例如，根据你拿到的火车票上的数据，可以得到你是否能够乘坐某次列车的信息。信息的存在有一定时间限制，有"新鲜"的要求，"新鲜"是指使用者不知道的数据，对使用者有用的数据，数据可以永久存在。

不过，在有些不很严格的场合或不易区分的情况下，人们经常把信息与数据当做同义词，笼统地使用。例如，数据处理和信息处理，数据管理和信息管理。

在建立数据库应用系统时要注意严格区分信息与数据。

1.1.2　数据库技术

1. 数据处理

随着计算机应用的不断深入，在企业和组织中数据与信息已经成为一种重要的资源，数据与信息的重要性越来越显现出来，如何进行数据处理使数据成为有用的信息成为人们要解决的一个重要问题。

数据处理是指对各种形式的数据进行收集、存储、加工和传播的一系列活动的总和。其目的是从大量的、原始的数据中抽取、推导出对人们有价值的信息，从而作为行动和决策的依据。例如，对天文观测的数据进行处理，可以预报天气信息；对经济运行中产生的数据进行处理，可以帮助政府制定科学的经济政策。

过去数据处理的工作是由人工完成的，而今数据处理的工作大部分是由计算机来完成的。计算机就是为了满足数据处理的需求而产生的。当计算机保存并处理了图书馆的书刊数据时，可以从浩瀚的书海中迅速找到所需的资料。借助计算机可以科学地保存和管理复杂的、大量的数据，使人们能方便地利用信息。

2．数据管理

上文中涉及计算机完成的种种功能如何才能实现？要想对数据进行处理，首先要做的是对数据进行分类、组织、存储、索引和维护等。这些工作是数据处理的基本环节，统称为"数据管理"。

3．数据库技术

由于数据处理与数据管理的需要产生了数据库技术，数据库技术是研究如何使用计算机科学地组织和存储数据、高效地获取和处理数据、方便与快捷地为使用者提供所需信息的技术。

1.1.3　数据库与 DBMS

1．数据库的通俗定义

通俗地说，数据库（database，DB）是计算机中存放数据的地方（就像图书馆是存放图书的地方，见图 1-5）。

数据库是怎样组织、保存数据的？

首先要在计算机中为存放数据准备一个物理空间，并命名为某数据库（就像先盖好一个图书馆大楼），然后按照一定要求组织存放的数据（就像书籍的分类），确定存放数据的文件结构（就像确定存放书籍的书架有多少层次、有什么隔板、存放什么类型的书籍）和文件在数据库中的空间及位置（如同确定书架存放在图书馆大楼中哪个楼层与房间），最后利用数据管理系统（就像图书管理员）向数据文件中存放需要保存的数据。

图 1-5　图书馆

2．数据库的严格定义

定义 3　数据库是为实现一定的目的按一定的组织方式存储在计算机中相关数据的集合。

图书管理员在查找一本书时，首先要通过目录检索找到那本书的分类号和书号，然后在书库中找到那一类书的书架，并在那个书架上按照书号的大小次序查找，这样很快就能找到所需要的书。如果所有的书没有分类，胡乱堆在各个书架上，借书的人就很难找到他们想要的书了。同样的道理，如果数据库不把数据分类，将很多数据胡乱地堆放在一起，就无法查找数据，这种数据集合不能称为"数据库"，只能称为"数据垃圾箱"。因此，数据库中存放的数据一定是按照一定的规则和组织方式来存放的。

3．数据库管理系统的定义

数据库中可以存放大量的数据。例如，可以建立一个"学生基本信息"数据库，将全校学生的姓名、学号、班级、年龄、性别、宿舍号码、电话号码保存在其中。但使用数据库存放数据的最终目的是为了在需要的时候能快速地找到想要的数据，即信息。例如，系主任要了解学号为20020308 的学生的姓名、班级等情况，怎样才能像在图书馆里查找图书一样方便快速地从"学生基本信息"数据库里找到该学生的信息？

图书馆有图书管理员帮人们快速地查找图书、整理图书、摆放图书。能不能在计算机的数据库中也安排一个"数据管理员"呢？能！它就是"数据库管理系统"，是由一些编制好的计算机程序组成的系统软件。它能像图书管理员一样，为人们管理数据库中存放的数据。

定义 4　数据库管理系统（database management system，DBMS）是为数据库的建立、使用和维护而配置的软件。

4．数据库管理系统的任务

（1）数据库定义

数据库定义也称为"数据库描述"，定义数据库的结构以及有关约束条件，如数据库完整性定义、为安全保密设置的用户口令、存取数据的权限定义等。

（2）数据库操纵

数据库操纵就是数据库管理系统面向使用数据库的用户，根据用户对数据库提出的各种要求，完成数据库数据的检索、插入、删除和更新等各种数据处理任务。

（3）数据库运行管理

数据库运行管理就是用户在使用数据库时数据库管理系统可以对用户要访问的数据库进行安全检查、数据完整性约束条件的检查等。

（4）数据库的建立和维护

数据库的建立和维护包括：装入数据库初始数据、不同数据库间数据的转换、数据库存储、恢复等。

（5）通信

数据库管理系统还负责与其他软件系统进行通信。

5．数据库管理系统的软件产品

市场上可以看到各种各样数据库管理系统的软件产品，如，Oracle 、Informix 、Sybase 、SQL Server 、Access 、FoxPro 等。其中，Oracle、Sybase 数据库管理系统等适用于大型数据库，SQL Server 数据库管理系统等适用于大中型数据库，Access 、FoxPro 数据库管理系统适用于中小型桌面数据库。

一个优秀的 DBMS，能够完成很多数据库管理任务，完成的任务越多说明它功能越强。所以，人们在使用数据库选择 DBMS 时，要看是否有强大的功能，是否有友好的用户界面、较高的运行效率以及清晰的系统结构和开放性。

我们将要学习的 Access 数据库管理系统就是一种包含数据库与数据库管理系统的软件产品，如图 1-6 所示。它是微软公司 Office 办公套件中一个极为重要的组成部分，是目前世界上最流行的桌面数据库管理系统。

图 1-6　Access 数据库管理系统与数据库

Access 数据库管理系统和数据库是集成在一起的，不可分离。但有些大型的网络数据库产品，如 Oracle，其数据库管理系统和数据库是分离的，可以分别存放在不同的计算机上，但数据库还是要通过其数据库管理系统进行管理。

1.1.4　数据库系统

数据库系统是指在计算机系统中引入数据库后的系统，一般由数据库、数据库管理系统及其开发工具、应用系统和用户等构成，如图 1-7 所示。

1．硬件

硬件在此指安装数据库系统的计算机，常见的有服务器与客户机两种。

① 服务器：安装数据库管理系统和数据库的计算机，如图 1-8 所示。为适应大容量的数据存储和频繁的数据访问操作，这些计算机一般都配备有可热插拔硬盘、两个以上的 CPU、大容量的硬盘等。

② 客户机：安装数据库应用系统的个人计算机，如图 1-9 所示。

图 1-7　数据库系统的构成

图 1-8　服务器

图 1-9　客户机

2．操作系统

操作系统指安装数据库系统的计算机使用的操作系统，例如 Windows 2000/XP 等。

3．数据库与数据库管理系统

数据库是存储在计算机上可共享的、有组织的数据集合。

数据库管理系统是位于操作系统和数据库应用系统之间的数据库管理软件。数据库管理系统提供了用户对数据的各种操作，保证数据的安全性和完整性，提供完善的数据备份及恢复等功能。

4．数据库应用系统

数据库应用系统指为满足用户需求，采用各种应用开发工具（如 VB、PB 和 Delphi 等）和开发技术开发的数据库应用程序。

5．用户

用户指与数据库系统打交道的人员，包括如下三类人员：

① 最终用户：使用数据库应用系统的人员，如图 1-10 所示。

② 数据库应用系统开发员：开发数据库应用系统的人员，如图 1-11 所示。

③ 数据库管理员（database administrator，DBA）：全面负责数据库系统的正常运转和维护的人员，熟悉数据库系统的体系结构，掌握数据库系统的管理，如图 1-12 所示。

　　图 1-10　最终用户　　　　图 1-11　数据库应用系统开发人员　　　图 1-12　数据库管理员

通常所说的数据库，其实是数据库系统的简称。数据库系统是一个完整的体系，存储数据的数据库仅仅是其中的一个组成部分。数据库存放数据，数据库管理系统处理并管理数据，数据库应用系统向用户提供信息。

Access 数据库不仅包含数据库、数据库管理系统，还包含建成的数据库应用系统开发工具，本书就介绍使用 Access 组织数据、使用 Access 存储数据、使用 Access 管理数据、使用 Access 的开发工具建立数据库应用系统输出信息的实用技术。

1.2　Access 数据库简介

Access 提供了大量的工具和向导，即使没有任何编程经验，也可以通过可视化的操作来完成大部分的数据库管理和开发工作。它功能强大，可以处理公司的客户订单数据，管理个人通讯录，还可以对大量科研数据进行记录和处理。

自从 1992 年 11 月正式推出 Access 1.0 以来，Microsoft 公司一直在不断地完善、增强 Access 的功能，先后推出了 Access 1.1、Access 2.0、Access 7.0、Access 97、Access 2000、Access 2003、Access 2007，还会有新的功能更强的版本出现。1997 年后，Microsoft 公司对 Access 97 进行了汉化，推出了 Access 97 中文版，之后新的版本都有了中文版，非常方便中国人使用。

本节的内容就是了解 Access 的特点与功能。

1.2.1　Access 的特点

虽然 Access 出现的时间较晚，但它功能强大，容易使用，适应性强，目前已经成为用户开发中小型数据库管理系统的主要工具之一。与其他数据库管理系统相比，Access 具有以下几个突出的特点：

1. 存储文件单一

一个 Access 数据库文件中可以包含数据表、查询、窗体、报表、页、宏和模块等多种数据库对象。但这些数据库对象都存储在同一个以.mdb 为扩展名的数据库文件中。在任何时刻，Access 只要打开并运行一个数据库文件即可，便于管理，也使得用户操作数据库及编写应用程序更为方便。

2. 支持长文件名

Access 支持 Windows 系统的长文件名，并且可以在文件名中加空格，从而可以使用叙述性的标题，使文件便于理解和查找。

3. 兼容多种数据库格式

Access 提供了与其他数据库管理软件包的良好接口，能识别 dBASE、FoxPro、Paradox 等数据库生成的数据库文件。Access 能直接导入 Office 软件包的其他软件（如 Excel、Word 等）编辑形成的数据表、文本文件、图形等多种内容，而且自身的数据库内容也可以方便地在这些软件中操作。

4．具有 Web 网页发布功能

Access 2000 及以上版本都有数据访问页功能，通过创建数据访问页，可将数据库管理系统移植到浏览器中，从而实现将数据发布到 Internet 或 Intranet 上，可通过浏览器管理和操作数据库。

5．可应用于客户/服务器方式

Access 可以作为 SQL Server 等数据库的前端开发工具，访问、操作并管理后端 SQL Server 数据库，从而创建出客户/服务器方式的数据库应用系统。

6．操作使用方便

Access 具有图形化的用户界面，提供了多种方便实用的操作向导，用户只需进行一些简单的鼠标操作，回答几个提问，就可以完成对数据库的操作工作。

Access 嵌入的 VBA 编程语言是一种可视化的软件开发工具，编写程序时只需把一些常用的文本框、列表框等控件拖放到窗体上，即可形成良好的用户界面，必要时再编写一些 VBA 代码即可形成完整的程序。

1.2.2　Access 的主要功能

Access 数据库不仅能存放数据与维护数据、接受和完成用户提出的访问数据的各种请求，还可用于建立中小型桌面数据库应用系统，供单机使用，并可与工作站、数据库服务器或主机上的各种数据库连接，实现数据共享。主要功能如下：

1．组织、存放与管理数据

作为 DBMS，Access 最重要的作用就是组织、存放与管理各种各样的数据。Access 专门配备了表对象，通过创建表对象来完成组织与存放数据的任务。创建表对象首先要设计并建立表结构，然后根据数据的特点，将数据分门别类存放在不同的表中。图 1-13 所示为一个存放计算机产品相关数据的表对象。通过表对象可以建立多表之间的联系，把相关数据有机地组织在一起，共享数据资源。

2．查询信息

快速从海量的数据中查询出需要的信息是建立数据库的主要目的之一。Access 专门配备了查询对象用于查询信息，创建一个查询对象即创建一个能够查找符合指定条件的数据、更新或删除记录或对数据执行各种计算的功能模块。图 1-14 就是已经创建的一个查找某班 20 岁以上的学生并显示学生姓名、性别、年龄的查询对象。

图 1-13　Access 的表对象　　　　　　　图 1-14　Access 的查询对象

3．设计窗体

窗体是用户和数据库应用程序之间的接口之一。在数据库系统中使用窗体可提高数据操作的

安全性，并可丰富用户操作界面，因此 Access 专门配备了窗体对象供用户使用。图 1-15 所示为一个输入"计算机数据"的 Access 窗体对象。

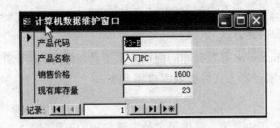

图 1-15　Access 的窗体对象

4．输出报表

报表可以用来分析数据或以特定方式打印数据。Access 专门配备了报表对象用于生成报表和打印报表。图 1-16 所示为一个 Access 的报表对象。

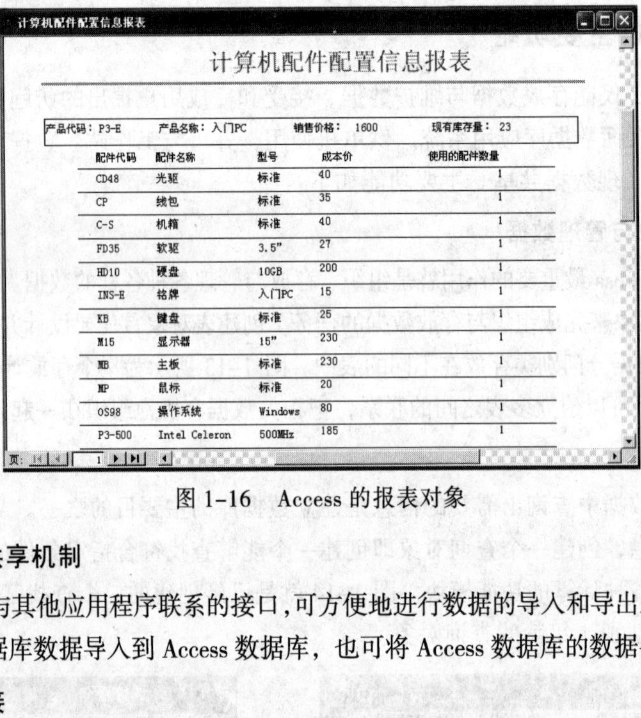

图 1-16　Access 的报表对象

5．建立数据共享机制

Access 提供了与其他应用程序联系的接口，可方便地进行数据的导入和导出工作。通过这些接口，可将其他系统的数据库数据导入到 Access 数据库，也可将 Access 数据库的数据导出到其他系统中。

6．建立超链接

在 Access 数据库中，字段的数据类型可以定义为超链接类型。例如，可将 Internet 或局域网中的某个页面赋予超链接，当用户在表对象或窗体对象中双击该超链接字段时，即可启动浏览器打开超链接所指的页面。

7．建立数据库应用系统

Access 还提供了宏和模块对象，通过它们可将各种数据库及其对象连接在一起，从而构成一个数据库应用系统。Access 还提供了"切换面板管理器"，可以将已经建立的各种数据库对象连接在一起，构成数据库应用系统的主界面。图 1-17 所示为一个已经建立的"教学管理应用系统"的主界面。

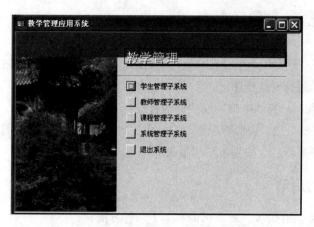

图 1-17　"教学管理应用系统"的主界面

1.3　Access 的工作界面

要使用 Access 数据库，先要在本地计算机中安装 Access 软件，还要了解它的工作方式，本节的内容就是认识 Access 数据库的工作界面。

1.3.1　Access 的安装

在 Windows 98/NT/Me/2000/XP 操作系统安装后，即可安装 Access 数据库。这里以 Office 2003 为例说明 Access 2003 数据库的安装。

将 Microsoft Office 2003 的安装盘放到光盘驱动器中，一般情况下，安装程序会自动启动，弹出图 1-18 所示的欢迎使用界面。如果安装程序没有自动运行，可按下面两种方法之一找到安装程序 Setup.exe，并启动该程序。

图 1-18　欢迎使用 Office 的界面

【操作实例 1】通过运行安装程序。

操作步骤：

选择"开始"→"运行"命令，在"运行"对话框中单击"浏览"按钮，找到 Setup.exe 后，单击"确定"按钮，运行安装程序。

【操作实例 2】通过"我的电脑"或"资源管理器"安装程序。

在"我的电脑"窗口或"资源管理器"窗口中找到 Setup.exe，双击该图标或单击图标，运行安装程序。安装程序运行后，按提示要求输入即可。

1.3.2 Access 的启动

启动 Access 的方法有很多，最常用的有如下两种方法：

① 通过菜单命令启动：在 Windows 操作系统桌面上选择"开始"→"所有程序"→Microsoft Office→Microsoft Office Access 2003 命令，即可启动 Access，打开如图 1-19 所示的主窗口与"开始工作"任务窗格。

② 通过快捷图标启动：如果 Windows 桌面上建立了快捷图标，可以更简单、快捷地启动 Access。直接双击桌面上的 Access 快捷图标，即可打开图 1-19 所示的主窗口与"开始工作"任务窗格。

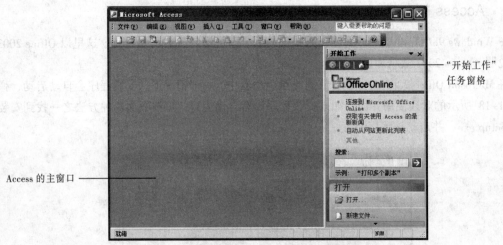

图 1-19 Access 的主窗口与"开始工作"任务窗格

1.3.3 Access 的主窗口

Access 主窗口是用来创建数据库对象、显示查询结果、显示报表的地方，它提供了一个完成数据库各种任务的工作界面。Access 主窗口是典型的 Windows 窗口，包括标题栏、菜单栏、工具栏及状态栏四部分。

1. 标题栏

标题栏是显示软件标题名称的地方，Access 的标题栏中写的是 Microsoft Access。标题栏位于主窗口的顶部，形状为长方形，包括程序名称及改变和关闭窗口的控制按钮，如图 1-20 所示。

程序名称　　　　　　　　　　　　　　　　　窗口控制按钮

图 1-20　标题栏

利用窗口控制按钮可以很方便地对整个窗口进行最小化、最大化（恢复）和关闭操作。

2．菜单栏

标题栏下面是菜单栏，上面包含多个菜单。如果用户要使用菜单，将鼠标指针移动到菜单上单击即可使用。如果该菜单有效，会以淡蓝色显示，单击即可打开该菜单的下拉菜单，选择下拉菜单中的命令可执行该操作。其中，可用命令以黑色文字显示，不可用命令以灰色文字显示，如图 1-21 所示。

菜单栏

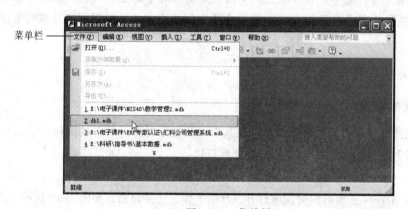

图 1-21　菜单栏

如果命令后有省略号，表示选择该命令即可打开一个对话框。如果命令后有一个右三角按钮，表示该命令可以打开一个级联菜单，其中包含多个子命令。某些命令后会显示组合键名称，表示可以通过键盘执行该命令。

下拉菜单上的每个命令都联系着数据库的某个操作指令，选择这些命令，就是执行 Access 的操作指令，实现 Access 的某个功能。

注意：不可用命令属于特殊命令，当满足一定条件时是可以使用的。如条件不满足时，Access 会用灰色文字显示，并禁用该命令。

3．工具栏

菜单栏下面是工具栏，如图 1-22 所示。其中的功能按钮可看做命令的快捷方式，选择某个命令，只要单击相应的功能按钮即可。

图 1-22　工具栏

功能按钮对应着不同的功能，这些功能都可以通过执行菜单中的相应命令来实现，但使用功能按钮更快捷。如果想知道某个功能按钮是什么功能，只要把鼠标指针移到该按钮上，停留大约两秒钟，就会出现按钮的功能提示。熟悉工具栏上的按钮，可以大大提高使用 Access 的工作效率。

4．状态栏

状态栏可以显示正在进行的操作信息，可以帮助用户了解所进行操作的状态，如图 1-23 所示。

图 1-23　状态栏

综上所述，Access 的主窗口分成了四个部分：标题栏、菜单栏、工具栏和状态栏。其中，标题栏在屏幕的最上方，菜单栏在标题栏的下面，菜单栏的下面是工具栏，状态栏在屏幕的最下方。而在工具栏和状态栏之间的 Access 窗口主要空间是用来显示数据库窗口或对象视图窗口的区域。

1.3.4　Access 的数据库窗口

1．打开数据库窗口

在 Access 主窗口可以打开数据库窗口，在其中对数据库对象进行各种操作。

【操作实例 3】在 Access 主窗口中打开数据库窗口。

操作步骤：

① 首次打开 Access 主窗口时会同时打开"开始工作"任务窗格，如图 1-19 所示。在"开始工作"任务窗格的下拉菜单中单击"新建文件"命令，"开始工作"任务窗格将切换为"新建文件"任务窗格，如图 1-24 所示。

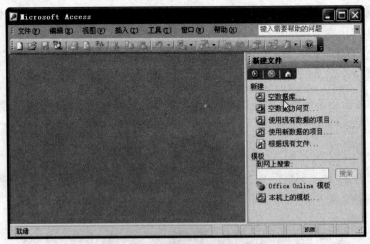

图 1-24　"新建文件"任务窗格

② 在"新建文件"任务窗格的"新建"栏中选择"空数据库"选项，如图 1-24 所示，将打开"文件新建数据库"对话框，如图 1-25 所示。

③ 选择一个数据库文件保存位置，在"文件名"文本框中输入数据库的名称，这里选择默认的 db1，如图 1-25 所示。

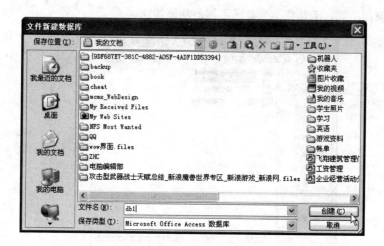

图 1-25　"文件新建数据库"对话框

④ 在"文件新建数据库"对话框中单击"创建"按钮，在 Access 主窗口中将打开数据库窗口，如图 1-26 所示。

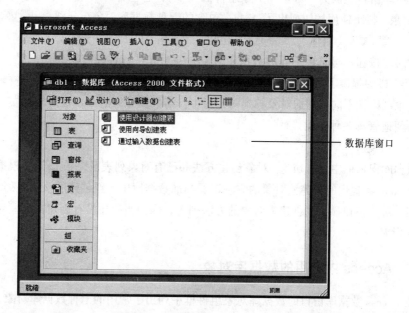

图 1-26　数据库窗口

数据库窗口是 Access 中非常重要的部分，它可以帮助用户方便、快捷地对数据库进行各种操作，创建数据库对象，综合管理数据库对象。

2．数据库窗口的组成

数据库窗口主要包括"工具栏"、"数据库对象组件选项卡"、"对象创建方法和已有对象列表区"三个部分，如图 1-27 所示。

（1）工具栏

数据库窗口的工具栏与主窗口工具栏作用相同,单击其上的功能按钮可以执行一个操作命令,随着数据库对象的不同,工具栏上会显示不同的功能按钮。

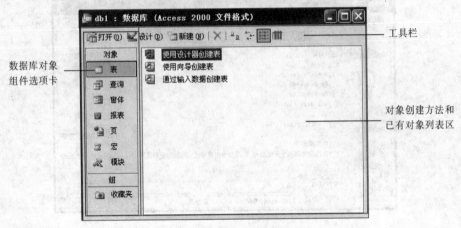

图 1-27　数据库窗口的三个部分

（2）选项卡

数据库窗口左侧为"数据库对象组件选项卡",它包含"对象"与"组"两栏。

"对象"栏下使用按钮列出了 Access 包含的七种数据库对象,分别为: ▦ 表（表）、🗗 查询（查询）、🖽 窗体（窗体）、🗐 报表（报表）、📄 页（页）、🗒 宏（宏）、🔩 模块（模块）,单击不同的对象按钮,可选中不同的数据库对象,并对其进行各种操作。

"组"栏中提供了另一种管理对象的方法,在"组"中可以把那些关系比较紧密的对象分为同一组,也可以把不同类别的对象归到同一组中。当数据库中的对象很多的时候,用分组的方法可以更方便地管理各种对象。

（3）列表区

数据库窗口的主要区域为"对象创建方法和已有对象列表区",在该区会根据选择的数据库对象显示 Access 提供的创建该对象的方法以及当前数据库中已经创建的该对象列表。图 1-27 为单击"表"对象按钮显示的创建表对象的方法列表,因为当前还没有创建数据库对象,所以其中没有对象列表。

1.3.5　Access 中常用的数据库对象

在 Access 数据库窗口的数据库对象组件框中列出了常用的七种数据库对象,包括:表、查询、窗体、报表、页、宏和模块,它们是数据库的组成元素,通过它们来管理数据,提供信息。

1. 打开 Access 自带的数据库

【操作实例 4】打开 Access 数据库自带的"罗斯文示例数据库"。

操作步骤:

① 在 Access 主窗口菜单栏中选择"帮助"→"示例数据库"→"罗斯文示例数据库"命令,如图 1-28 所示,将弹出一个图 1-29 所示的欢迎界面。

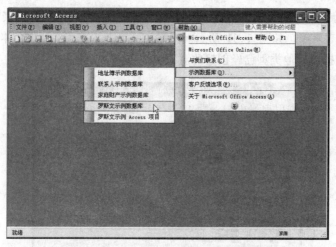

图 1-28 打开罗斯文示例数据库命令

图 1-29 罗斯文数据库的欢迎界面

② 单击欢迎界面中的"确定"按钮，将弹出图 1-30 所示的"主切换面板"对话框。

图 1-30 罗斯文数据库的"主切换面板"对话框

③ 单击"主切换面板"对话框中的"显示数据库窗口"按钮，将看到打开的罗斯文示例数据库窗口，如图 1-31 所示。

④ 选择“对象”栏中的“表”对象，可在对象创建方法和已有对象列表区中看到罗斯文数据库中已经创建的表对象，如图 1-31 所示。同样，可单击“查询”、“窗体”、“报表”等对象按钮，浏览该数据库其他类型已经创建的对象。

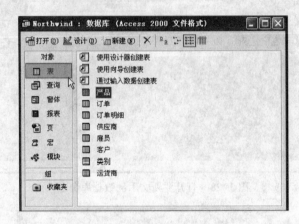

图 1-31 罗斯文数据库窗口

2. Access 的七种对象

（1）表对象

Access 表对象是按规则存放数据的元素。创建表对象，要先设计表的结构，然后把各种类型的数据分别存放在不同的表中，在罗斯文示例数据库窗口列表区双击表对象“产品”，可打开存放有 77 种产品记录数据的表对象，如图 1-32 所示。

产品 : 表

产品ID	产品名称	供应商	类别	单位数量	单价	库存量	订购量	再订购量	中止
1	苹果汁	佳佳乐	饮料	每箱24瓶	¥18.00	39	0	10	☑
2	牛奶	佳佳乐	饮料	每箱24瓶	¥19.00	17	40	25	☐
3	蕃茄酱	佳佳乐	调味品	每箱12瓶	¥10.00	13	70	25	☐
4	盐	康富食品	调味品	每箱12瓶	¥22.00	53	0	0	☐
5	麻油	康富食品	调味品	每箱12瓶	¥21.35	0	0	0	☑
6	酱油	妙生	调味品	每箱12瓶	¥25.00	120	0	25	☐
7	海鲜粉	妙生	特制品	每箱30盒	¥30.00	15	0	10	☐
8	胡椒粉	妙生	调味品	每箱30盒	¥40.00	6	0	0	☐
9	鸡	为全	肉/家禽	每袋500克	¥97.00	29	0	0	☑
10	蟹	为全	海鲜	每袋500克	¥31.00	31	0	0	☐
11	大众奶酪	日正	日用品	每袋6包	¥21.00	22	30	30	☐
12	德国奶酪	日正	日用品	每箱12瓶	¥38.00	86	0	0	☐
13	龙虾	德昌	海鲜	每袋500克	¥6.00	24	0	5	☐
14	沙茶	德昌	特制品	每箱12瓶	¥23.25	35	0	0	☐
15	味精	德昌	调味品	每箱30盒	¥15.50	39	0	5	☐
16	饼干	正一	点心	每箱30盒	¥17.45	29	0	10	☐

记录: 1 共有记录数: 77

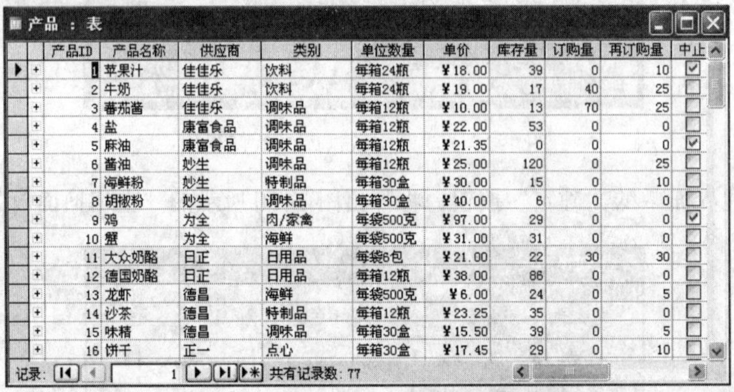

图 1-32 表对象示例

（2）查询对象

Access 查询对象是用于查询信息的元素，使用它可以查找符合指定条件的数据，更新或删除记录，对数据执行各种计算。

如果希望知道 77 种产品中最贵的 10 种产品，可在“对象”栏选择“查询”对象，然后在列表区双击查询对象“十种最贵的产品”，将会进行查询工作，并将查询的结果显示出来，如图 1-33 所示。

十种最贵的产品 : 选择查询

十种最昂贵的产品	单价
绿茶	¥263.50
鸭肉	¥123.79
鸡	¥97.00
桂花糕	¥81.00
墨鱼	¥62.50
光明奶酪	¥55.00
猪肉干	¥53.00
山楂片	¥49.30
柳橙汁	¥46.00
烤肉酱	¥45.60
	¥0.00

记录: 共有记录数: 10

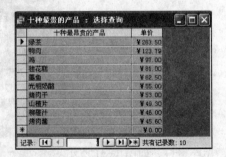

图 1-33 查询对象示例

（3）窗体对象

Access 窗体对象是用户和数据库应用程序之间的接口，可以用来输入数据，输出信息，简化用户操作，提高数据操作的安全性，丰富用户使用界面。

在"对象"栏中选择"窗体"对象，然后在列表区双击窗体对象"类别"，图 1-34 就是打开的按类别显示产品数据的"类别"窗体对象。

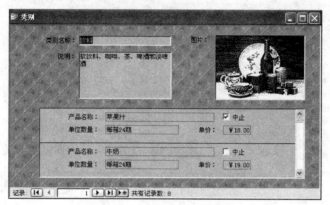

图 1-34　窗体对象示例

（4）报表对象

Access 报表对象是用于生成报表和打印报表的基本模块。报表对象可以用来分析数据或以特定方式打印数据。

在"对象"栏中选择"报表"对象，然后在列表区双击报表对象"按年度汇总销售额"，图 1-35 即为打开的"按年度汇总销售额"报表对象。

按年度汇总销售额
2006-05-07

1996

季度:	订单数目:	销售额:
3	61	¥63,985
4	82	¥129,331
1996年合计:	**143**	**¥193,317**

1997

季度:	订单数目:	销售额:
1	92	¥143,703
2	92	¥145,655
3	105	¥144,320
4	109	¥175,169
1997年合计:	**398**	**¥608,847**

图 1-35　报表对象示例

（5）页对象

Access 页对象是一个可以显示数据库数据的特殊网页。它可以将数据库中的数据发布到 Internet 或 Intranet 上，并可以通过浏览器对数据库的数据进行维护和操作。

在"对象"栏中选择"页"对象，然后在列表区双击页对象"查看订单"，图 1-36 即为打开的"查看订单"页对象。

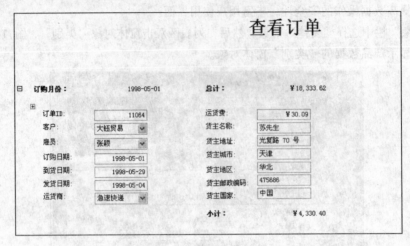

图 1-36   页对象示例

（6）宏对象

Access 宏对象是一个或多个宏操作的集合，其中每一个宏操作可以执行特定的功能。宏对象的这些操作功能组织起来可以自动完成特定的数据库操作任务。

在"对象"栏中选择"宏"对象，然后在列表区选中宏对象"供应商"，在工具栏上单击"设计"按钮，可打开"供应商"宏对象，如图 1-37 所示。该宏为"供应商"窗体提供自动操作功能。

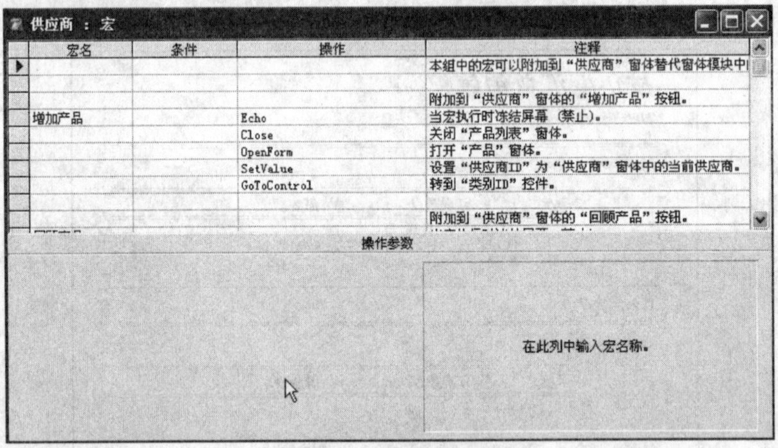

图 1-37   宏对象示例

（7）模块对象

模块对象是将 Visual Basic for Application（简称宏语言 VBA）编写的过程和声明作为一个整体保存的集合。其实质是通过编程语言来完成数据库的操作任务。

在"对象"栏中选择"模块"对象，然后在列表区选中模块对象"启动"，在工具栏上单击"设计"按钮，可打开编写"启动"模块代码的窗口，如图 1-38 所示。该模块为"启动"窗体提供自动操作功能。

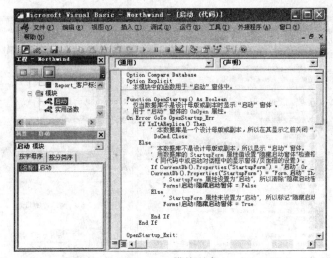

图 1-38　模块对象

3．Access 数据库对象的作用

Access 提供的七种数据库对象分工极为明确，分别用来完成不同的任务。从功能和彼此间的关系角度考虑，这七种数据库对象可以分为以下三个层次：

第一层次是表对象和查询对象，它们是数据库的基本对象，用于在数据库中存储数据和查询数据。

第二层次是窗体对象、报表对象和页对象，它们是直接面向用户的对象，用于数据的输入/输出和应用系统的驱动控制。

第三层次是宏对象和模块对象，它们是代码类型的对象，用于通过组织宏操作或编写代码程序来完成复杂的数据库管理工作，使得数据库管理工作自动化。

4．控件对象

除了这七种数据库对象，Access 还提供了用于窗体、报表等对象上的控件对象，例如标签、文本框、命令按钮、组合框、菜单等。

1.3.6　Access 的帮助

Access 提供了完善的帮助系统，能够帮助用户解决使用中遇到的各种问题。在 Access 主窗口菜单栏上选择"帮助"→"Microsoft Access 帮助"命令（见图 1-39）或按【F1】功能键，即可打开"Microsoft Access 帮助"窗口，如图 1-40 所示。

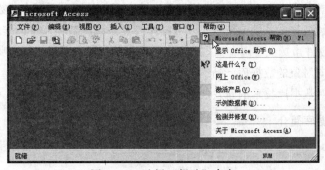

图 1-39　选择"帮助"命令

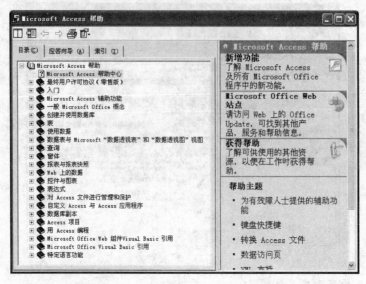

图 1-40　"Microsoft Access 帮助"窗口

1.3.7　Access 的退出

当用户完成了数据库的操作工作，或者需要为其他应用程序释放内存空间时，可以退出 Access。退出 Access 的方法有以下几种方式：

① 单击 Access 主窗口标题栏右上角的"关闭"按钮☒。

② 在 Access 主窗口菜单栏中选择"文件"→"退出"命令。

③ 双击 Access 主窗口标题栏左上角的控制菜单图标。

④ 按【Alt+F4】组合键。

小结与提高

1．数据库的基本概念

本章介绍了数据库的基本概念，包括数据、信息、数据库、数据库技术、DBMS、数据库系统，这些概念是数据库技术的基础知识，一定要好好理解。

伴随着计算机技术的发展以及计算机应用的不断扩充，数据库技术经历了从人工管理阶段、文件系统阶段到数据库系统管理阶段的发展过程。读者可以从网上了解有关数据库技术产生的原因及发展过程，了解数据库系统的结构以及数据库管理系统在数据库中的作用、组成和功能。

读者还可以在软件市场上了解有哪些数据库管理系统产品，可以了解有哪些关系型数据库管理系统产品以及面向对象的数据库产品，了解不同数据库产品的特点。

此外，还可以对数据库技术的新发展——数据仓库的内容加以了解。

2．Access 数据库简介

本章简单介绍了 Access 数据库的特点与主要功能，随着课程的学习会逐步理解如何在实际工作中使用这些功能。

3．Access 的工作界面

本章简单介绍了 Access 工作界面的组成，介绍了 Access 的主窗口、Access 数据库窗口以及使用 Access 帮助系统的方法。这为后面的学习打下了基础，为学习 Access 数据库打开了大门。

思考与练习

一、问答题

1．什么是数据库？数据库有哪些作用？

2．什么是 DBMS？DBMS 可完成什么任务？

3．DBMS 在数据库中起什么作用？有什么功能？

4．什么是数据、什么是信息？

5．数据与信息有什么区别与联系？

6．什么是文件管理系统？它有什么特点？

7．什么是数据库系统？数据库系统包含哪些元素？

8．文件管理系统与数据库系统有什么区别和联系？

9．什么是数据库应用系统？

10．上网收集数据管理技术的几个发展阶段并做简单描述。

11．什么是 Access？它有什么用途？

12．Access 有哪些数据库对象？它们各有什么作用？

二、上机操作

1．启动 Access，打开 Access 自带的"家庭财产示例数据库"，查看"家庭财产示例数据库"中的各种数据库对象。

2．使用不同方式关闭 Access。

第 2 章　基于 Access 的数据库

学习目标

- ☑ 了解数据库设计的任务与目标
- ☑ 能够建立数据库的概念模型
- ☑ 能够建立数据库的关系数据模型
- ☑ 能够建立数据库的物理模型
- ☑ 能够创建基于 Access 的数据库

2.1　数据库设计基础

众所周知，盖高楼大厦需要先由设计院设计出楼房的建筑图纸。同理，创建一个存放大量不同类型数据的数据库也需要先进行专门的数据库设计，先设计出数据库的概念模型、逻辑模型，再设计物理模型，最后在数据库软件中构建物理模型。

本节将介绍如何进行数据库设计以及设计概念模型、逻辑模型与物理模型的方法和步骤。

2.1.1　数据库设计的任务与目标

1．数据库设计的任务

数据库设计的任务就是对一个给定的现实世界应用环境，构造出概念模型（E-R 模型）、最优的逻辑模型（数据模型）与满足相应数据库软件的物理模型，为建立数据库及其应用系统做好准备，使数据库能够有效地存储数据，满足各种用户的应用需求（信息要求和处理要求）。

2．数据库设计的目标

数据库设计的目标大致有以下几点：

① 真实地反映现实世界中的数据及其关系。

② 减少有害的数据冗余，实现程序共享。

③ 消除数据异常插入、异常删除。

④ 保存数据的独立性，可修改、可扩充。

⑤ 访问数据库的时间要短。

⑥ 数据库的存储空间要小。

⑦ 易于维护。

2.1.2　概念模型（E-R 模型）

1. 数据的三个世界

要将描述现实世界中事物特性的数据存储到计算机里，需要经历三个世界的转化，这三个世界分别为：现实世界、概念世界和计算机世界。

现实世界由客观存在的事物组成，如地球、山川、河流、土地、厂房、企业、部门、职工、书、零件等。这些客观存在的事物可以称为事物类。事物类也可以是某种抽象概念的集合，如成绩，而且事物之间还存在各种联系，这种联系是客观存在的，如部门与职工，职工在部门中就职。每一个具体的事物又具有自己的内涵，如职工张平具有姓名、性别、年龄等内涵。

概念世界是现实世界中的事物在人们头脑中的反映，是对客观事物及其联系的一种抽象描述。在概念世界中，与现实世界事物类、事物、内涵相对应的是实体集、实体、属性。概念世界不是现实世界的简单录像，而是经过选择、命名、分类等抽象过程产生的。例如，可以使用图形、表格、公式来描述现实世界中的事物及联系。

计算机世界即使用计算机存放并管理概念世界中描述的实体集、实体、属性和联系的数据。在计算机世界中，与概念世界实体集、实体和属性对应的分别是数据文件、记录和字段，并可将它们存储在计算机的数据库中。三种数据世界的类比关系如表 2-1 所示。

表 2-1　三种数据世界的类比关系

现 实 世 界	概 念 世 界	计 算 机 世 界
事物类	实体集	数据文件
事物	实体	记录
内涵	属性	字段

2. 概念模型的定义

现实世界五彩缤纷，目前任何一种科学技术手段都还不能将现实世界按原样进行复制并管理起来。因此，使用计算机处理现实世界的问题时，只能根据需要，选择某个局部世界，抽取这个局部概念世界的主要特征，特别是事物之间的结构关系，构造一个能反映这个局部概念世界的概念模型。

概念模型是按用户的观点使用图形工具描述概念世界中实体关系的模型。

3. 概念模型的作用

① 概念模型可以真实反映现实世界的事物。

② 概念模型用于组织概念世界的概念，表现从现实世界中抽象出来的实体，包括实体与实体之间的联系。

③ 概念模型使用图形化方法来描述概念世界的数据。

④ 概念模型是各种数据模型的基础，易于向数据模型转换，是概念世界转化为计算机世界的桥梁。

现实世界中的事物经过概念化可以转化为概念世界中的实体，概念世界的实体经过形式化可以转化为计算机世界中的数据文件，它们的关系如图 2-1 所示。

4．概念模型使用的基本概念

在使用概念模型描述现实世界中的事物时，需要对现实世界的事物进行抽象，抽象过程中会涉及以下概念：

（1）实体（entity）

在概念模型中描述现实世界客观存在并且可以相互区别的事物称为实体。实体可以是具体的人、事、物，也可以是抽象事件。例如一个职工、一个部门等属于具体事物；一次订货、借阅若干本图书等属于抽象的事件。

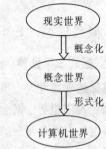

图 2-1   现实世界、概念世界和计算机世界的关系

（2）属性（attribute）与域（domain）

属性为实体所具有的某一特性。一个实体可以由若干个属性来刻画。例如，学生可由学号、姓名、性别、年龄、系、年级等属性组成。属性的取值范围称为域，也可称为属性值。例如，性别属性的域为（男、女），月份属性的域为 1~12 的整数。

（3）实体型（entity type）

实体名与其属性名集合共同构成实体型。例如，学生(学号,姓名,年龄,性别,系,年级)。注意实体型与实体（值）之间的区别，后者是前者的一个特例。如（9808100,王平,21,男,计算机系,2）是一个学生实体。实体型可视为现实世界中实体的结构组成形式。在不致引起混淆的情况下，以后所说的实体即是指实体型而言。

（4）实体集（entity set）

同型实体的集合称为实体集。如全体学生。

（5）码（key）

一个属性或属性的集合，如果它的值（值集）能唯一地识别实体集中每个实体，就称该属性（或属性集）为实体集的码或称关键字。一个实体集中任意两个实体的码不相同。如学号是学生实体的码，可以区别不同的学生。

（6）联系（relationship）

实体之间的相互关联。例如，学生与老师间有授课联系，学生与学生间有班长联系。联系也可以有属性，如学生与课程之间有选课联系，每个选课联系都有一个成绩作为其属性。

实体间的联系可以分为不同类型，联系的类型是指一个实体型所表示集合中的每一个实体与另一个实体型中多少个实体存在联系。实体间的联系虽然复杂，但都可以分解到少数个实体间的联系，最基本的是两个实体间的联系。

联系抽象后可归纳为如下三种基本类型：

① 一对一联系（1:1）。

设 A、B 为两个实体集。若 A 中的每个实体至多和 B 中的一个实体有联系，反过来，B 中的每个实体至多和 A 中的一个实体有联系，称 A 对 B 或 B 对 A 是 1:1 联系，如图 2-2 所示。例如，一个公司只有一个总经理，同时一个总经理不能在其他公司兼任。

注意"至多"一词的含义，如，A 中的每个实体至多和 B 中的一个实体有联系是指 B 实体集中可以是零个或一个实体和 A 中的一个实体有联系。因此，一对一联系不一定是一一对应的。

② 一对多联系（1:n）。

设 A、B 为两个实体集。如果 A 中的每个实体可以和 B 中的几个实体有联系，而 B 中的每个实体至多和 A 中的一个实体有联系，那么 A 对 B 属于 1:n 联系，如图 2-3 所示。

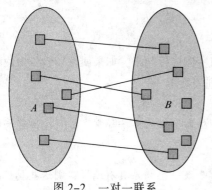

图 2-2　一对一联系

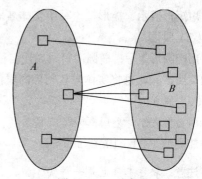

图 2-3　一对多联系

一对多联系比较普遍，例如，部门与职工是一对多联系。因为，一个部门可以有多名职工，而一名职工只在一个部门就职（只占一个部门的编制）。又如，一个学生只能在一个系注册，而一个系可以有很多个学生。一对一的联系可以看做一对多联系的一个特殊情况，即 $n=1$ 时的特例。

③ 多对多联系（$m:n$）。

设 A、B 为两个实体集。若 A 中的每个实体可与和 B 中的多个实体有联系，反过来，B 中的每个实体也可以与 A 中的多个实体有联系，称 A 对 B 或 B 对 A 是 $m:n$ 联系，如图 2-4 所示。例如，一个学生可以选修多门课程，一门课程由多名学生选修。学生和课程间存在多对多联系。图书与读者之间也是 $m:n$ 联系：一位读者可以借阅若干本图书；同一本书可以相继被几个读者借阅。研究人员和科研课题之间也是 $m:n$ 联系：一个人可以参加多个课题；一个课题由多个人参加。

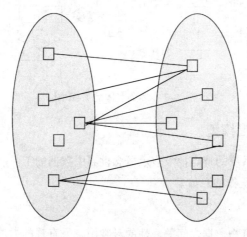

图 2-4　多对多联系

5. E-R 图

描述概念模型的主要图形工具为 E-R 图。1976 年，P.P.S.Chen 提出 E-R 模型（entity-relationship model），即用 E-R 图描述的概念模型。E-R 图提供了表示概念世界中实体型、属性和联系的一种有效方法。

6. E-R 图的基本符号

（1）实体型

用矩形表示，矩形框内写明实体名。

（2）属性

用椭圆形表示，椭圆内写明属性名称，并用连线与实体连接起来。如果属性较多，为使图形更加简明，有时也将实体与其相应的属性另外单独用列表表示。

（3）联系

用菱形表示，菱形框内写明联系名，并用连线分别与有关实体连接起来，同时在连线旁标上联系的类型（1:1、1:n 或 m:n）。

注意： 联系本身也是一种实体型，也可以有属性。如果一个联系具有属性，则这些属性也要用连线与该联系连接起来。图 2-5、图 2-6、图 2-7 为 E-R 图的几个例子。

图 2-5   简单的 E-R 图

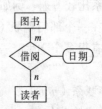

图 2-6   带有联系属性的 E-R 图

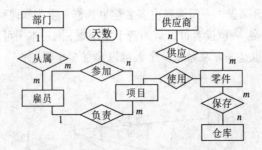

图 2-7   多个实体的 E-R 图

2.1.3   数据模型（逻辑模型）

数据模型是按计算机系统的特点抽象表示概念世界中数据的工具。数据模型是组织数据的规则以及对数据所能进行的操作的总体。

1. 关系模型

在现实生活中，表达事物数据之间关联性的最常用、最直观的方法就是制作各式各样的关系表格，这些表格通俗易懂。关系模型就是一个二维表，图 2-8 就是一个二维表，是描述职工的关系模型。

姓名	性别	工资	年龄	职工号
李一	男	1000	21	1111
吴二	女	2000	22	2222
张三	男	3000	23	3333
李四	女	4000	24	4444
王五	男	5000	25	5555

图 2-8　二维表

关系模型是建立在集合代数理论基础上的，有着坚实的数学基础。目前主流的商业数据库系统 Oracle、Informix、Sybase、SQL Server、DB2、Access、FoxPro 等都是支持关系模型的关系型数据库管理系统。

2．关系数据模型涉及的基本概念

（1）关系

一个关系就是一张二维表，每个关系有一个关系名，对应计算机数据库中的表文件。

（2）元组

二维表中的行称为元组。一行为一个元组，对应计算机数据库表文件中的一个记录。

（3）属性与域

二维表中的列称为属性或字段，每一列有一个属性名。域为属性的取值范围，即不同元组对同一个属性的取值所限定的范围。这里的属性与概念世界中的实体属性相同，属性对应于计算机数据库表结构中的字段（数据项）。

（4）关键字（码）

属性或属性组合，其值能够唯一地标识一个元组。例如，订单关系中的订单号，职工关系中的职工号。

（5）关系模式

对关系的描述称为关系模式，其格式为：

关系名(属性名 1,属性名 2,…,属性名 n)

例如，名称为"订单"与"职工"的两个关系模式具有如下结构：

订单(订单号,货号,定货单位,价格,定购量,送货地点)

职工(职工号,姓名,年龄,工资,电话,地址)

关系模式描述了数据的组织原则，可用来确定数据库数据文件（表）的结构。通过关键字可以在关系之间建立联系。

（6）关系数据模型

多个关系模式相互联系构成的集合称为关系数据模型，也称为逻辑模型。

3．构建关系数据模型的步骤

通过 E-R 模型可以导出计算机系统上安装的 DBMS 支持的关系数据模型，也就是将构成 E-R

模型的多个 E-R 图中的实体、联系转换为一个个关系模式。

（1）为每个实体建立关系模式

将 E-R 图中每个实体型转换为一个关系模式。实体的属性就是关系模式的属性，实体的码就是关系模式的关键字。可在关键字属性下画一个下画线来标识。例如，根据图 2-9 所示的 E-R 图，可以转换为以下两个关系模式：

总经理(总经理编号,姓名)

公司(公司编号,公司名,地址,电话)

（2）将 1:1 联系和 1:n 联系及其属性添加到关系模式中

对于 E-R 图中的联系，要根据实体联系的类型，进行不同的处理。

① 1:1 联系。

如果两个实体间是 1:1 联系，只要将"1"方关系模式的主关键字添加到另一方的关系模式中作为属性（外部关键字），如果联系本身有属性，同时将联系属性一同添加到关系模式中。

例如，在图 2-9 所示的 E-R 图中公司与总经理两实体间是 1:1 联系，联系本身并无属性，只要在"总经理"关系模式中添加"公司"关系模式的关键字作为属性即可，或在"公司"关系模式中添加"总经理"关系模式中的关键字作为属性。

总经理(总经理编号,姓名,公司编号)

或公司(公司编号,公司名,地址,电话,总经理编号)

② 1:n 联系。

如果两实体间是 1:n 联系，要将"1"方的关键字纳入"n"方实体对应的关系模式中作为外部关键字，同时把联系的属性也一并纳入"n"方的关系模式中。图 2-10 所示的两个实体为 1:n 联系，其关系模式为：

仓库(仓库号,地点,面积)

产品(产品号,产品名称,单价,仓库号,数量)

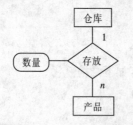

图 2-10   1:n 联系的 E-R 图

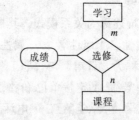

图 2-11   m:n 联系的 E-R 图

（3）为 m:n 联系建立一个关系模式

如果两实体间是 m:n 联系，除了为每个实体建立关系模式外，还要为"联系"再建立一个连接关系模式，用来联系双方实体。连接关系模式中的属性包括联系双方实体的关键字、联系的属性，另外，可为连接关系模式添加一个编号（ID）作为该关系模式的主关键字，或以双方实体的两个关键字共同组成主关键字。

图 2-11 所示的"学生"与"课程"两实体间是 $m:n$ 联系，根据上述转换规则，对应的关系模式为：

学生(学号,姓名,性别,助学金)

课程(课程号,课程名,学时数)

选修(选修 ID,学号,课程号,成绩)或选修(学号,课程号,成绩)

注意：$m:n$ 联系的属性"成绩"也纳入连接关系模式"选修"中了。

2.1.4 关系规范化

数据关系的复杂性导致了关系模式中数据冗余的存在，数据冗余会增加维护数据库的负担，也会占用大量的磁盘空间。为了消除这些负面影响，要对关系数据模型中的关系进行规范化。

对关系规范化就是适当地修改、调整关系模型的数据结构，消除关系模式中冗余的数据，确保数据的完整性，以提高数据库应用系统的性能。

如何对关系进行规范化呢？

1971 年，E·F·科德提出了规范化理论。科德按照属性间依赖情况，提出了关系规范化的程度可以分为第一范式、第二范式、第三范式和第四范式等。范式是对关系的限制条件，满足最低要求的称第一范式，进一步满足另一些要求的称第二范式，依此类推，有第三范式、第四范式等。分别写为 1NF、2NF、3NF、4NF 等。在数据库技术中，关系只要达到 3NF 即可满足数据管理的要求，达到 3NF 的关系可以有效地消除数据冗余、插入异常、删除异常。

1. 关系规范化的基本概念

（1）规范化的关系

满足以下四个性质的关系称为规范化的关系：

① 在表（二维表）中，任意一列上数据项应属于同一属性。

② 在表中，所有行都是不相同的，不允许有重复组出现。

③ 在表中，行的顺序无关紧要。

④ 在表中，列的顺序无关紧要，但不能重复。

（2）1NF

如果一个关系满足每个属性值都是不能再分的元素，则称该关系属于 1NF。一个规范化的关系肯定是属于 1NF 的。

（3）2NF

如果一个关系 R 属于 1NF，且每个非主属性完全函数依赖于主属性，而非主属性的一部分，则 R 属于 2NF。主属性即作为主关键字的属性。

如果作为关键字的属性或属性组对关系中其他属性具有决定作用，则称其他非主属性对主属性存在函数依赖。在一个关系中，若某个非主属性依赖于全部关键字称为完全函数依赖。

（4）3NF

如果一个关系 R 属于 2NF，且每个非主属性函数只依赖主属性，非主属性相互之间不存在依赖，则 R 属于 3NF。

2．关系规范化的例子

关系规范化就是将非规范或低于 3NF 的关系，通过关系分解转换为若干个 3NF 的关系的集合。下面通过一个汽车关系模式来说明进行关系规范化的过程。

汽车(车号,车名,功率,部件(部件号,部件名,型号,重量,用量))

因汽车关系模式中包含的部件属性其属性值是可以分解的，故为非规范的关系模式。需要对汽车关系进行规范化，其过程如下：

① 消除复合关系，以达到 1NF。

将部件属性分解出来，单独构成一个关系模式即可达到 1NF 的要求。因为二维表都是属于 1NF 的。

为了建立关系间的联系和属性间函数依赖的需要，在关系模式分解时，对属性要做适当调整，这里把"用量"留在汽车关系中，并在汽车关系中增加了一个"部件号"属性。故将汽车关系分解为：

汽车(车号,车名,功率,部件号,用量)

部件(部件号,部件名,型号,重量)

因为两个模式中各属性都是不可再分的基本属性，故都属于 1NF。

② 消除部分函数依赖，以达到 2NF。

因为汽车关系中"用量"属性不仅依赖于主属性"车号"，还依赖于"部件号"属性，所以汽车模式中非主属性不是完全由主属性确定，即存在部分函数依赖，所以汽车关系没有达到 2NF 要求。故再将汽车关系分解为：

汽车(车号,车名,功率)

使用(车号,部件号,用量)

这样汽车与使用、部件关系中非主属性都完全函数依赖于主属性，故都属于 2NF。

③ 消除传递函数依赖，以达到 3NF。

因为部件模式中"重量"属性是由"型号"属性确定，而"型号"属性依赖于"部件号"主属性，所以存在传递函数依赖，故部件模式没有达到 3NF 要求。需将部件模式分解为：

部件(部件号,部件名,型号)

型重(型号,重量)

这样，汽车、使用、部件、型重这四个关系模式都不存在传递函数依赖，所以都属于 3NF。

至此，把一个非规范的关系模式分解成了四个属于 3NF 的关系模式。

2.1.5　物理模型

按数据库管理系统软件应用环境确定关系数据模型中各个关系模式的物理结构集合称为物理模型。物理结构是指某种数据库产品在存储设备上的存储结构和存取方法。

数据模型转变为物理模型一般包含如下步骤：

① 关系名转换为文件（表）名。

② 属性名转换为表的字段（数据项）名。

③ 定义字段属性，即确定字段名称、数据类型（与特定数据库管理系统有关）、数据长度、能否为空值、有效性规则、默认值、数据的完整性等。

2.2 数据库设计实例

本节通过一个例子来说明数据库设计的全过程。本例的内容将贯穿全书，在完成汇科电脑公司数据库应用系统开发任务的同时，我们将掌握 Access 数据库的实用技术。

2.2.1 用户需求分析

汇科电脑公司成立于 1997 年，是一个销售电脑外部设备和组装生产电脑并销售电脑的公司，发展很快。由于公司的销售量增长很快，公司考虑扩展其业务获取更大的利润，为此管理层决定开发一个数据库应用系统，其目标是对公司的生产、库存、销售、数据、信息等进行集成管理。

经过开发人员与用户的交流及详细的用户需求分析，确定该数据库应用系统应具备以下基本功能：

1. 能够方便地维护与管理数据

① 系统应能被没有数据库知识的人方便地操作。如，方便地输入、修改、删除、添加、查询数据。

② 能够将生产、库存、销售等业务使用的数据存储在合适的数据库表中，所有的表要具备最小的冗余和参考完整性。

2. 能快速查询各种管理使用的信息

① 可查询计算机产品销售及库存等信息。

② 可查询计算机外设销售、库存、采购等信息。

③ 可查询计算机配件库存、采购等信息。

④ 可查询计算机及使用的所有配件的信息。

3. 能够自动生成生产计划、采购计划报告

① 可根据销售需求及库存信息制定生产电脑的计划。

② 可根据生产需求及库存信息制定采购配件计划。

③ 可根据销售需求制定外设采购计划。

4. 能够支持多种管理业务活动

① 能够生成销售订单。

② 能够生成采购订单。

③ 能够生成入库单。

④ 能够生成出库单。

⑤ 能够打印销售发票。

2.2.2 概念模型设计

1. 确定汇科公司数据库应用系统中包含的实体对象

根据调查分析，汇科公司数据库应用系统主要包含如下实体：物品、电脑产品、配件、供应

商、客户、采购员、销售员、生产计划员、采购单、销售订单、 仓库、出库单、入库单等。其中，物品包含电脑产品、配件、外设三种物品或公司的其他物品。因为电脑产品由配件组成，为了说明二者的关系，所以又专门列出这两种实体。

2. 确定各个实体的属性

① 物品：物品编号、名称、物品类型、制购类型、提前期、批量、图像等。

② 电脑产品（父类）：电脑物品编号（名称、类型等属性可在物品中定义）。

③ 配件（子类）：配件物品编号。

④ 供应商：供应商编号、单位名称、联系人、电话、E-mail 地址、邮编、通讯地址等。

⑤ 客户：客户编号、单位名称、联系人、电话、E-mail 地址、邮编、通讯地址。

⑥ 不同管理人员：编号、姓名等。

⑦ 仓库：仓库编号、仓库名称。

可根据系统功能的需要，确定实体及实体的属性。

3. 确定实体间的联系与联系类型

（1）电脑与配件

一台电脑可以由多个配件组成，一个配件只能装配在一台电脑上。所以，电脑产品与配件之间存在 $1:n$ 的装配联系。其装配联系具有使用配件数量的属性。

（2）物品与电脑

一种物品对应一种电脑，一种电脑对应一种物品。所以，物品与电脑产品之间存在 1:1 的对应联系。同样，物品与配件之间也存在 1:1 的对应联系。

管理人员与物品之间存在 $1:n$ 联系。例如，一个采购员可以采购多个物品，一个物品只能由一个采购员采购。

仓库与物品存在 $1:n$ 的存放联系。一个仓库可以存放多个物品，一个物品只能存放在一个仓库中。其存放联系具有物品当前库存数量、最小库存量、最大库存量的属性。

同理可以分析其他实体之间的关系。

4. 设计 E-R 图

（1）局部 E-R 图

实体联系的局部 E-R 图，如图 2-12、图 2-13 所示。

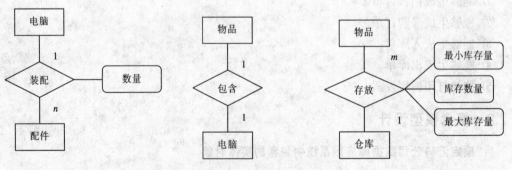

图 2-12　局部 E-R 图　　　　　　　　　　　　　图 2-13　局部 E-R 图

（2）集成多个实体的 E-R 图

在 E-R 图中相同的实体可以合并得到集成多个实体的 E-R 图，如图 2-14 所示。

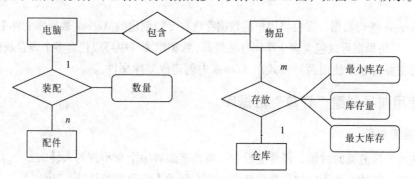

图 2-14 多个实体的 E-R 图

注意：这里仅画出了部分实体的 E-R 图。

2.2.3 关系数据模型设计

根据图 2-14 所示 E-R 图及实体属性，可以得到如下关系模式：

物品(物品编号,名称,物品类型,制购类型,提前期,批量,图像,仓库编号,库存量,最大库存量,最小库存量)

电脑(电脑物品编号)

配件(电脑物品编号,配件物品编号,配件数量)

仓库(仓库编号,仓库名称)

其中，带下画线的属性为关键字（主属性）。

注意：这里仅列出了部分实体的关系模式，以后可以根据需要继续添加。

上述四个关系模式都属于 3NF，不必优化。

2.2.4 物理模型设计

根据 Access 数据库管理系统的特点，设计系统的物理模型，即定义存储在数据库中的表名、字段名、字段数据类型、字段大小、主键等，设计结果如下所示：

数据库名为"汇科电脑公司数据库"。

"汇科电脑公司数据库"的物理模型如下表，物理结构如下所示：

物品(物品编号(文本,10,主键),名称(文本,20),物品类型(文本,10),制购类型(文本,4),提前期(整型),批量(整型),图像(OLE 对象),仓库编号(查阅向导,10),库存量(整型),最大库存量(整型),最小库存量(整型))

电脑(电脑物品编号(查阅向导,主键))

配件(电脑物品编号(查阅向导,主键),配件物品编号(查阅向导,主键),配件数量(整型))

仓库(仓库编号(文本,10,主键),仓库名称(文本,10))

其他表的物理结构可在需要时再继续设计。

2.3　在 Access 中创建数据库

使用 Access 管理数据，需要将用户的数据存放在专门创建的 Access 数据库文件中，数据库文件如同厂房，厂房里面可以包含多个车间存放机器，数据库文件中可以包含多个表存放具体的数据。

本节的主要内容是使用两种方式在 Access 中创建数据库文件。

2.3.1　使用向导创建"订单"数据库

1. 数据库向导

人们在风景区游览的时候，经常会看到一群游客跟着一个拿小旗的人转来转去，这个拿小旗的人称为导游，导游负责为旅游团的人指引旅游线路，还负责沿途的讲解，有了导游游客就不会迷路，还能了解沿途中景物的很多传说和故事。所以对于参加旅游团的游客们来说，一个好的导游是很重要的。导游有时也称为"向导"，如图 2-15 所示。

图 2-15　向导

数据库向导是 Access 系统为了方便用户建立数据库而设计的一系列向导类型的软件程序，通过它可以大大方便初学创建数据库及数据库对象的用户。

使用数据库向导，可以最简单的方式创建一个数据库，跟随向导可以在创建数据库的同时完成创建数据库所需的表、窗体、报表等对象的工作。

跟随数据库向导，用户只要根据向导提出的问题选择或回答问题的答案，向导即可根据用户的回答自动创建出一个用户所需要的数据库及数据库对象。

2. 使用 Access 数据库向导创建数据库

【操作实例 1】跟随 Access 的数据库向导创建"订单"数据库。

操作步骤：

（1）启动数据库向导，打开数据库"模板"对话框

启动 Access 后，在主窗口"新建文件"对话框的"模板"栏中选择"本机上的模板"选项，如图 2-16 所示，即可打开图 2-17 所示的数据库"模板"对话框。

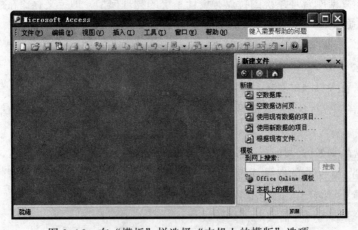

图 2-16　在"模板"栏选择"本机上的模版"选项

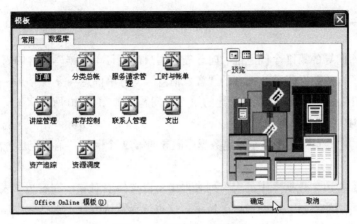

图 2-17 "模板"对话框

（2）启动"数据库向导"

在使用"数据库向导"建立数据库之前，必须选择需要建立的数据库类型，因为不同类型的数据库配有不同的向导，选错向导，工作就白费了。

在"模板"对话框中选择"数据库"选项卡，该选项卡里有很多图标，这些图标代表不同的数据库向导，图标下面都有一行文字，这些文字表明了向导类型。如图 2-17 所示，选中"订单"向导，它可以引导用户建立一个关于公司客户、订单信息的数据库，单击"确定"按钮，"订单"数据库向导就启动了，它将开始引导用户创建"订单"数据库的工作。

（3）回答向导提出的问题

问题 1：确定数据库名称及数据库文件的存储路径。

① 数据库向导启动后，首先打开"文件新建数据库"对话框，如图 2-18 所示。在该对话框要回答数据库向导的第 1 个问题：数据库的名称、文件类型、保存的位置。

② 在"文件名"右边的文本框中输入数据库名称，单击左上角"保存位置"右边的下三角按钮，在下拉列表框中选择存放这个数据库文件的路径。

③ 选取数据库名为"订单 1"，并选择文件类型为"Microsoft Office Access 数据库"，如图 2-18 所示，单击"创建"按钮，就回答了向导的第 1 个问题。

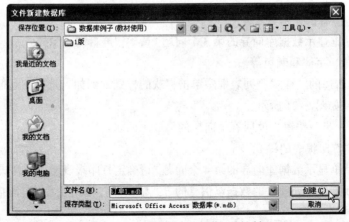

图 2-18 "文件新建数据库"对话框

问题 2：确定数据库表对象中的字段。

① 浏览表对象。

在回答数据库向导的第 2 个问题前，向导先让用户浏览订单数据库包含的表对象，如图 2-19 所示，这里显示了订单数据库默认拥有的"客户信息"、"订单信息"等六个 Access 已经设计好的表名称，单击"下一步"按钮可看到向导的第 2 个问题，如图 2-20 所示。

② 确定表中的字段。

在接着出现的向导对话框中显示的是数据库向导的第 2 个问题"请确定是否添加可选字段"，如图 2-20 所示。

在对话框下部左边"数据库中的表"列表框中可以选择表对象，在右边"表中的字段"列表框中可以选择表可用的字段，如图 2-20 所示。这里选择默认方式，选择表中所有的字段，直接单击"下一步"按钮，就回答了向导的第 2 个问题。

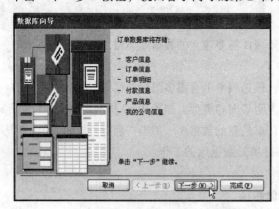
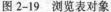
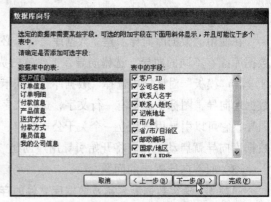

图 2-19　浏览表对象　　　　　　　　　　　　　图 2-20　选择表中的字段

注意： 在"表中的字段"列表框中的字段前选择方框中有"√"符号，表示该字段被选中，被选中的字段将会出现在数据库的表对象中，如果字段未被选中，将不被表使用。但必选字段前面的"√"符号不能取消，因为向导认为它们是该数据表对象必须包含的字段，它们与该数据库中的窗体和报表等对象相关。以正常字体书写的字段都是必选字段。以斜体字体书写的字段是可选字段，即是可以取消的。

问题 3：确定屏幕的显示方式。

接着向导对话框显示数据库向导的第 3 个问题"请确定屏幕的显示样式"，样式指要建立的数据库中窗体的背景、字体和颜色等。

① 在对话框右边的"样式"列表框中单击喜欢的样式，例如，选择"远征"样式，其样式在左边展示框中，如图 2-21 所示。

② 单击"下一步"按钮，就回答了向导的第 3 个问题。

问题 4：确定打印报表的样式。

接着向导对话框显示数据库向导的第 4 个问题"请确定打印报表所用的样式"，打印报表就是把从数据库中查找到的、处理过的数据以信息的方式输出并打印在纸上，打印报表样式是指打印到纸上的数据的排列方式。

① 在对话框右边的"样式列表框"中单击喜欢的样式，例如，选定"紧凑"样式，其样式

在左边的展示框中，如图 2-22 所示。

② 单击"下一步"按钮，就回答了向导的第 4 个问题。

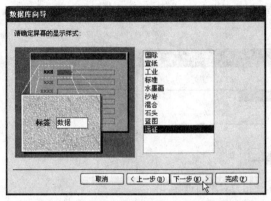

图 2-21　确定屏幕的显示方式

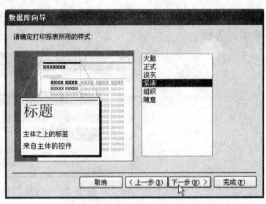

图 2-22　确定打印报表的样式

问题 5：确定数据库标题。

① 确定标题。

接着向导对话框显示数据库向导的第 5 个问题"请指定数据库的标题"，在对话框的文本框内输入"订单资料库"，如图 2-23 所示。打开这个数据库时，这个标题会出现在第 1 个窗体界面上。

② 选择图片。

如果想在打印的报表上加上某个图片，作为公司标识，可以选择"是的，我要包含一幅图片"复选框，并通过单击"图片"按钮选择一幅图片。

这里不添加图片，直接单击"下一步"按钮，就回答了向导的第 5 个问题。

问题 6：是否启动数据库。

当回答完以上 5 个问题后，数据库向导即得到了构建订单数据库的全部信息，接着显示向导的第 6 个问题"请确定向导构建完数据库之后是否启动该数据库"。

① 选择"是的，启动该数据库"复选框，如图 2-24 所示。

② 单击"完成"按钮，将结束向导的提问工作。

图 2-23　确定数据库标题

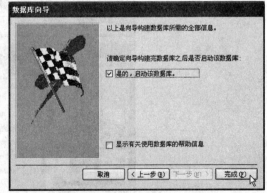

图 2-24　数据库构建完成

（4）自动创建数据库及数据库对象

向导提问工作结束后，向导即开始自动创建数据库及相关数据库对象（表、查询、窗体、报表等）的工作。这个过程会花费一些时间，在自动创建数据库及相关对象时可以看到如图 2-25 所示的界面。

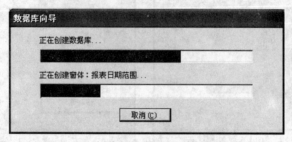

图 2-25　创建数据库及相关对象的过程

① 自动创建工作完成后，会弹出如图 2-26 所示的对话框，要求输入公司名称和地址和相关信息。单击"确定"按钮，将打开"我的公司信息"对话框，如图 2-27 所示。

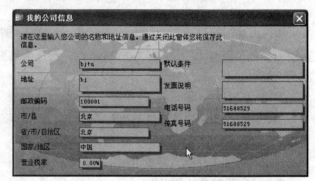

图 2-26　确定输入信息对话框　　　　　　图 2-27　输入公司信息对话框

② 在"我的公司信息"对话框中输入相关信息后，单击对话框右上角的"关闭"按钮，关闭对话框。打开新建的"订单"数据库的主切换面板，如图 2-28 所示，想看数据库中的对象只要单击相应按钮即可。

图 2-28　"订单"数据库的主切换面板

至此，在数据库向导的带领下就完成了创建"订单"数据库的工作。

不过，现在的"订单"数据库只是一个空壳，其中没有任何数据，只是搭建了存放数据的数据库框架，存放什么数据需要用户自己输入。在后面的学习中，将会介绍如何在数据库中输入数据。

2.3.2 自行创建空数据库

使用数据库向导创建一个数据库后，可能会有一种"走马观花"或"空中楼阁"的感觉。学习要循序渐进，要想知道梨子的滋味还是亲口尝一尝。所以，在通过向导创建一个 Access 数据库，对数据库有了一定认识后，可以自己自行创建一个数据库。

1. 数据库规划与设计

中国有句古话"要三思而后行"，就是说当我们要做一件事情的时候，要先考虑一下，然后再去做。所以，在创建一个数据库时，先要想一想这个数据库是用来干什么的，它要存储哪些数据，这些数据保存在哪些表里，这些数据之间有什么联系。例如，要建立"汇科电脑公司数据库"数据库，有存储物品、电脑、配件、仓库等实体的数据，要知道哪些数据是必须的、绝对不能缺少的，不然建立数据库获取信息的目的就没法达到了；也要知道哪些数据是不必要，放在数据库当中只会增加数据库容量，却并不起任何作用，要将这些冗余的数据剔除。这样建立起来的数据库才既能满足检索数据的需要，又能节省数据的存储空间。

在有条件的情况下，还要进行数据库设计，设计其概念模型、关系数据模型、物理模型。

2. 自行创建空数据库

【操作实例 2】创建"汇科电脑公司数据库"空数据库。对数据库规划与设计后，可从最基本的新建一个空数据库开始创建数据库的旅程。

操作步骤：

（1）打开"新建文件"任务窗格

在启动 Access 时或在 Access 主窗口工具栏中单击"新建"按钮，会在屏幕上出现"新建文件"任务窗格，如图 2-29 所示。

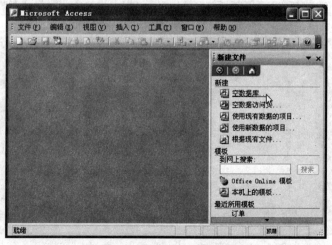

图 2-29 "新建文件"任务窗格

（2）选择数据库名称和保存数据库文件的路径

在"新建文件"任务窗格的"新建"栏中选择"空数据库"选项，屏幕上会弹出"文件新建数据库"对话框，如图 2-30 所示，在"文件名"文本框中给新建的数据库文件取名"汇科电脑公司数据库"，在"保存类型"下拉列表框中选取"Microsoft Access 数据库"数据库类型，可通过"保存位置"下三角按钮选择数据库保存的位置为"数据库例子（教材使用）"目录，如图 2-30 所示。

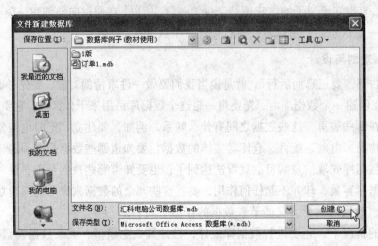

图 2-30　设置新建数据库的保存参数

（3）浏览数据库

选择数据库名称和保存位置后，单击"新建文件数据库"对话框的"创建"按钮，在 Access 主窗口会出现"汇科电脑公司数据库：数据库"窗口，如图 2-31 所示。

现在已经创建了一个"汇科电脑公司数据库"数据库，但它是一个空壳子，就像一个空文件夹，里面不仅没有数据，而且没有数据库对象。如何向这个"空壳子"里面添加各种数据库对象就是下面要陆续介绍的内容。

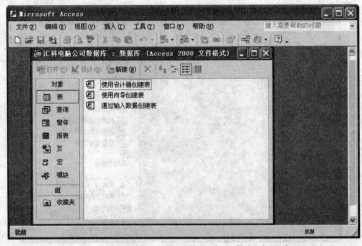

图 2-31　"汇科电脑公司数据库：数据库"窗口

2.4 Access 数据库的结构

盖房子需要建房材料，例如钢筋、水泥、砖、瓦等。钢筋、水泥、砖、瓦按照一定的框架结构关系通过混凝土构成了房子。数据库这个"房子"是使用什么材料构成的呢？

本节主要讲解数据库的构成元素以及元素之间的关系。

2.4.1 数据库的组成元素

在盖房子之前，先要有一块地皮，然后才能在地皮上按照设计好的图纸进行施工，盖出房子，盖好的房子还要装修，最后根据房子的用途，决定房内摆放的物品。如果是图书馆可以摆放图书，如果是仓库可以存放物料。

上面使用数据库向导创建的"订单"数据库就像在 Access 中盖了一个经过装修的"房子"（见图 2-32），只是还没有"数据"住进去。而自行创建的空数据库就像在 Access 中购置了一块"地皮"，还需要在"地皮"上盖房子。

图 2-32 装修好的楼房

Access 数据库的"建房材料"就是数据库对象，即表、查询、窗体、报表、页、宏和模块对象，如图 2-33 所示。这些对象是数据库的构成元素，它们在数据库中各自具有一定的功能，并且相互协作，构成数据库这个"楼房"。

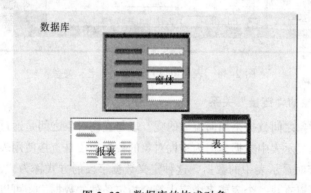

图 2-33 数据库的构成对象

在数据库中，表对象用来存储数据；查询对象用来查找数据；用户可通过窗体、报表、页对象显示数据或输出信息；而宏和模块对象用来实现对数据库中数据的自动操作。

对于数据库来说，最重要的功能就是获取数据库中的数据，所以数据在数据库各个对象间的流动就成为最重要的事情，要清楚数据在数据库中是如何流动的，就要理解 Access 数据库对象的作用和它们相互之间的联系。

1. 表与窗体的数据"绑定"关系

数据库的基础是存放数据的表对象和其中的数据，就像图书馆的书架与书架上按序摆放的图书。比如"教学管理"数据库，首先要建立一个"学生"表对象，然后将学生的学号、姓名、班级、专业、地址、电话等数据输入到这个表中，这样数据库才有数据资源可以使用。表中的数据，可以通过窗体对象显示出来。这个过程是将表中的数据和窗体上的控件建立一个连接，在 Access 中把这个过程叫做"绑定"。这样就可以通过各种各样的窗体界面来获得存储在表中的数据了。如图 2-34 所示，通过窗体显示了"学生"表中的记录，单击窗体上的记录操作按钮，可以看到表中其他学生的记录数据。

通过窗体控件与表的"绑定"关系，可以完成数据从表对象到窗体对象的流动，反之，通过窗体也可以向表中添加数据，完成数据从窗体对象到表对象的流动。窗体控件与表的"绑定"关系实现了数据库中数据在计算机和人之间的沟通。

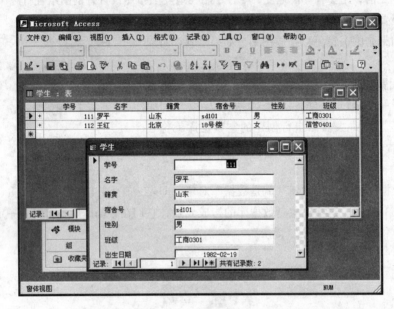

图 2-34　表与窗体对象的"绑定"关系

2．表与查询对象的"链接"关系

查询对象与表对象之间数据是如何流动的呢？表与查询对象之间是通过"链接"关系传递数据的。查询对象可以显示表中数据是因为查询对象的数据字段是直接使用表的数据字段定义的，所以查询对象可以实时显示表中的数据，这种定义数据字段的方式称为"链接"关系。

通过查询对象可以查找一个表或多个表中符合指定条件的数据，还可以更新或删除表中的记录，并可以生成对数据执行各种计算的"查询"字段。查询对象的结果表面看好像与包含数据的表一样，如图 2-35 所示，但查询对象"学生信息"的字段是链接来自"学生"表中的字段，借助这些字段组成一个新的数据表视图。但它与表对象完全不同，因为"学生信息"中的数据来自于"学生"表，表是查询数据的根源，查询对象不存储数据，它是动态生成的，运行查询对象时实现数据从表对象到查询对象的流动。通过查询对象也可以修改表中的数据，实现数据从查询对象到表对象的流动。

查询对象还可以像表一样与窗体建立"绑定"关系，实现查询对象与窗体对象之间数据的双向流动。

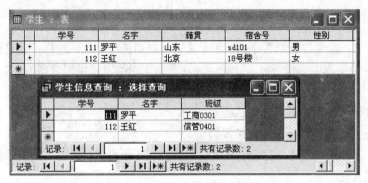

图 2-35　表与查询对象的关系

3．报表与表、查询的"绑定"关系

报表对象可以用来分析一个表、查询或多个表、查询中的数据，并可以使用特定方式打印报表中的数据。如同窗体中的控件一样，报表页是通过控件与表或查询中的数据建立一个"绑定"关系，实现数据从表或查询向报表的双向流动，图 2-36 就是一个输出"学生"信息的报表对象。

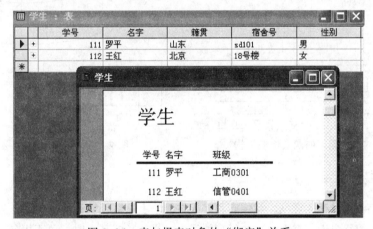

图 2-36　表与报表对象的"绑定"关系

通过上面的介绍可以看出数据库中数据在表、窗体、查询、报表中的流动关系如图 2-37 所示。

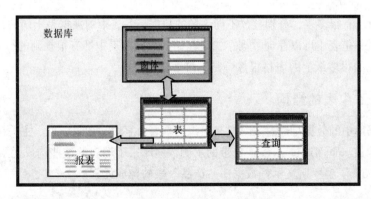

图 2-37　数据的流动

综上所述，数据库对象中表对象是最重要、最基础的，它是创建其他对象的基础。

2.4.2　数据库中数据的组织层次

为了管理数据，需要将数据有序地组织起来，按规则进行存放，这样才能对数据进行有效地处理。在 Access 数据库中是以字段、记录、表和数据库四层方式组织数据的，如图 2-38 所示。

从图 2-38 中可看出数据组织的层次如下：

最上层为数据库，用来管理并存放表。

第二层为表，用来管理并存放记录及数值。

第三层为记录，用来管理并存放不同字段的数值，不同的记录通过不同的字段值描述同类型实体对象的不同属性特征。

第四层为字段，是数据库中有意义的、最小的数据单位，它不能再分成有意义的数据单位，它用来描述一个实体对象的某种属性。图 2-39 描述了"教学管理数据库"中数据的四层数据组织关系。

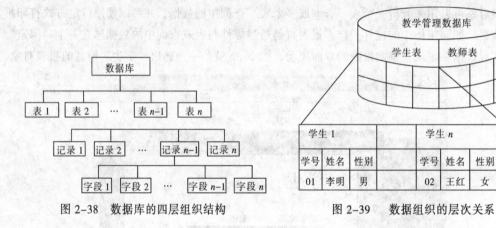

图 2-38　数据库的四层组织结构　　　　图 2-39　数据组织的层次关系

2.4.3　表的特点

表在数据库中用来存放数据。就像有很多人在操场上站队，队列整齐有序，组成一定数目的行和列。队列中的每个人，都在一定的行列位置上。当队长叫某人时，可不用名字，只要喊"第几行第几列，出列"，这个人就会走出队伍。现在将这个队列中的人换成数据，就构成了数据库中的队列——表。

数据库中可以有很多表，分别存放不同主题的数据。各表中的数据是不同的，但这些表有一些共同的特性：一是表中可以存储数据，二是存储的数据在表中都有很规则的行列位置。Access 中的表和平常见的很多纸上的表格很像，是二维表。

2.4.4　Access 中表的结构

Access 数据库中的数据是通过表对象来组织的。表由字段、记录、值、主关键字、外部关键字和关系元素构成。下面通过 Access 自带的示例数据库来了解表的这些构成元素。

【操作实例 3】了解罗斯文示例数据库"产品"表的构成元素。

操作步骤：

（1）打开"罗斯文示例数据库"

在 Access 主窗口菜单栏选择"帮助"→"示例数据库"→"罗斯文示例数据库"命令，即可打开 Access 自带的罗斯文示例数据库，如图 2-40 所示。

（2）打开“产品”表

① 在数据库窗口“对象”栏中选择“表”对象，可从对象列表中看到罗斯文数据库中的“产品”、“订单”、“供应商”、“雇员”等多个表对象，如图 2-40 所示。

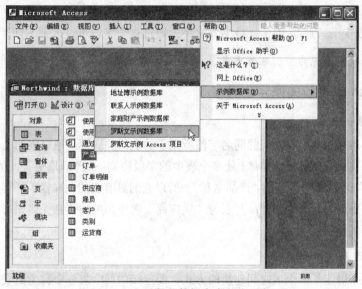

图 2-40　罗斯文数据库中的表对象

② 在表对象列表中双击“产品”表对象，可打开图 2-41 所示的“产品”表，它存储的是罗斯文公司不同产品的各种属性数据。同时从图 2-41 可以看出，数据库中的表是由行和列组成。

（3）查看“产品”表的字段

表中的列称为字段，它是一个独立的数据，用来描述现实世界中某一实体的某种属性（特征），例如苹果汁为饮料，“饮料”就是产品“苹果汁”的属性。例如，图 2-41 所示的“产品”表中的“产品 ID”、“产品名称”、“类别”、“供应商”等都是表的字段，它们描述产品的不同属性。

产品 : 表

产品ID	产品名称	供应商	类别	单位数量	单价	库存量	订购量
1	苹果汁	佳佳乐	饮料	每箱24瓶	￥18.00	39	0
2	牛奶	佳佳乐	饮料	每箱24瓶	￥19.00	17	40
3	蕃茄酱	佳佳乐	调味品	每箱12瓶	￥10.00	13	70
4	盐	康富食品	调味品	每箱12瓶	￥22.00	53	0
5	麻油	康富食品	调味品	每箱12瓶	￥21.35	0	0
6	酱油	妙生	调味品	每箱12瓶	￥25.00	120	0
7	海鲜粉	妙生	特制品	每箱30盒	￥30.00	15	0
8	胡椒粉	妙生	调味品	每箱30盒	￥40.00	6	0
9	鸡	为全	肉/家禽	每袋500克	￥97.00	29	0
10	蟹	为全	海鲜	每袋500克	￥31.00	31	0
11	大众奶酪	日正	日用品	每袋6包	￥21.00	22	30
12	德国奶酪	日正	日用品	每箱12瓶	￥38.00	86	0
13	龙虾	德昌	海鲜	每袋500克	￥6.00	24	0

记录: 1 共有记录数: 77

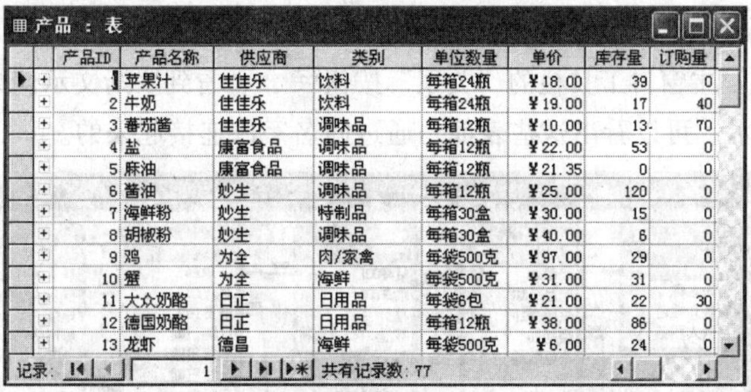

图 2-41　“产品”表

（4）查看记录与值

表中的行称为记录，它由若干个字段组成。例如，一个产品记录由“产品 ID”、“产品名称”、“供应商”、“类别”、“单位数量”、“单价”、“库存量”、“订购量”等字段组成。记录反映了一个关系模式的全部属性数据，是数据库操作的独立单位。

在表的行列交叉处的数据称为值，它是数据库中最基本的存储单元，是数据库中保存的原始数据，它的位置由该表的记录和字段共同来确定。在"产品"表中就可以看到第一个记录与"产品名称"字段交叉处的值是"苹果汁"。

（5）确认主关键字

主关键字是表中的一个或多个字段，它的值可以唯一地标识表中的一条记录，简称为主键。例如，"产品"表中的"产品 ID"就是主关键字，通过这个字段可以区别不同产品。

注意：主关键字不能为空，不能重复，也不能随意修改。

2.4.5　Access 中表的关系

1．什么是表的关系

表的关系是指通过两个表之间的同名字段所创建的表的关联性。通过表的关联性，可将数据库中的多个表连接成一个有机的整体，使多个表中的字段协调一致，获取更全面的信息。例如"产品"与"供应商"表具有同名字段"产品名称"，所以它们具有表的关联性，可将两个表中的数据连接起来一起使用，一起查询"产品"表与"供应商"表中相关的信息，例如可以一起查询产品及该产品供应商的数据。

2．表之间的关系

表之间的关系确定了两个表之间连接的方式。要连接的两个表一个称为主表，一个称为关联表。包含主关键字的表为主表，包含外部关键字的表为关联表。外部关键字一般为关联表中包含的主表的主关键字。一般在建立关系模式时就确定了外部关键字（是另外一方的主关键字）。可通过外部关键字与主表的主关键字的值相匹配来连接两个表中的数据。

3．罗斯文数据库中各表之间的关系

【操作实例 4】查看"罗斯文示例数据库"各个表之间的关系。

操作步骤：

① 在 Access 主窗口菜单栏选择"帮助"→"示例数据库"→"罗斯文示例数据库"命令，打开罗斯文示例数据库。

② 单击 Access 主窗口工具栏的"关系"按钮，可看到罗斯文示例数据库中各表之间的关系，如图 2-42 所示。可以看出这些表都是通过同名字段连接起来的。

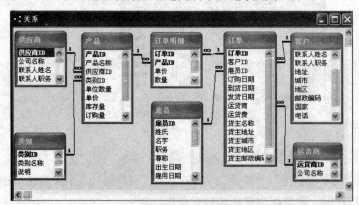

图 2-42　罗斯文数据库中各表之间的关系

4．表的关系类型

表和表之间的关系与实体之间的联系类似，分为一对一（1:1）关系、一对多关系（1:∞）和多对多（∞:∞）关系三种类型。其中，∞ 表示"多"。例如，"供应商"与"产品"表之间就是一对多的关系，这种关系是通过"供应商"表的主主关键字"供应商 ID"与"产品"表的外部关键字"供应商 ID"建立的。该关系表示一个供应商可以提供多个产品，一种产品只能由一个供应商提供。

（1）一对一关系

一对一关系中，主表的每一条记录只对应关联表中一个匹配的记录；反之，关联表中的记录也只对应主表的一条记录。

（2）一对多关系

一对多的关系是最常用的关系类型。一对多关系中，主表的一条记录可以与关联表中的多个记录相匹配；但关联表中的一条记录只能与主表的一条记录相匹配。

（3）多对多的关系与连接表

多对多关系中，主表的一条记录可以与关联表中的多个记录相匹配；关联表中的一条记录也可以与主表的多条记录相匹配。

因为 Access 不支持多对多关系，所以这种类型的关系要转换为一对多的关系，进行这个转换需要在 Access 数据库中再建立一个连接表。连接表中主关键字由多对多两个表的主关键字组成，其他字段由与两个表都相关的属性组成。通过连接表，原来的一个多对多关系转换为两个与连接表的一对多的关系。例如，罗斯文示例数据库中，"产品"与"订单"表之间原来是多对多的关系，但这个多对多的关系通过连接表"订单明细"表转换下面两个一对多关系：

① "产品"与"订单明细"表的一对多的关系。

② "订单"与"订单明细"表的一对多的关系。

"订单明细"连接表的主关键字由"订单 ID"和"产品 ID"组成，它们分别来自"订单"与"产品"表的主关键字，另外两个字段"单价"、"数量"与"订单"和"产品"表都相关。

小结与提高

1．数据库设计

在建立数据库应用系统之前，花时间进行数据库设计是很有必要的，合理的数据库设计是建立一个能够有效、准确、及时地完成所需功能数据库的基础。

通过本章的学习，要了解数据库设计的基本步骤，了解需求分析、概念模型设计、逻辑结构设计、优化设计、物理设计等阶段应完成的不同任务。

（1）需求分析阶段

这个阶段的工作是要充分调查研究，了解用户需求，与数据库的最终用户交流，了解用户希望从数据库中得到什么样的信息，确定新建数据库的目的；了解系统运行环境，确定将要设计的系统的数据处理功能；收集基础数据，包括输入、处理和输出数据，收集当前用于记录数据的表格。最好收集一个与当前要设计的数据库相似的数据库进行参考。

需求分析的主要任务是：确定数据库应用系统的目标与功能。

（2）概念模型设计阶段

概念结构设计的第一步是对需求分析阶段收集到的数据进行分析，确定系统中有哪些实体、实体的属性、实体间的联系类型，设计出局部 E-R 图。

第二步是将多个局部 E-R 图逐步集成。集成的过程是一个合并调整的过程，在这个过程中，要消除各种冲突，例如，年龄的表示，在各个分 E-R 图中可能有不同的表示方法，有的用年龄，有的用出生日期；又如，同一个实体，有不同的名字，或反过来，不同的实体用了同一个名字。还要消除冗余的数据和联系，冗余会给系统的维护带来困难。最后生成集成的 E-R 图。

概念模型设计的主要内容为：将分析的客观事物、事物的特征、事物的联系用 E-R 描述出来。

（3）数据库逻辑模型设计阶段

这个阶段的任务是将概念模型转换成与所选用的 DBMS 所支持的数据模型的过程。一般情况下，是向关系数据模型转换。

逻辑模型设计的主要内容为：将概念模型 E-R 图中的实体型转换为关系模式，实体与一对多实体联系的属性转换为关系属性，实体多对多联系转换为连接关系模式。

（4）优化设计阶段

数据库逻辑设计的结果不是唯一的，还要对数据模型进行优化，优化是指适当地修改、调整数据模型的结构，提高数据库应用系统的性能。规范化理论是优化数据库的工具之一。

优化设计主要内容为：使用规范化理论分析关系模式的合理程度，对关系进行规范化。

（5）物理模型设计阶段

这个阶段的任务是为一个给定的数据模型选取一个合适的物理结构，并对物理结构进行评价。在进行物理设计时，必须要了解使用的数据库管理系统的功能，了解其应用环境，理解软件与设备的特性，扬长避短。

物理模型设计的主要内容：确定数据库的存放策略、确定存放在数据库中的表的结构。

2．创建基于 Access 的数据库的方法

通过本章学习要掌握两种简单创建 Access 数据库的方法：一种是使用数据库向导创建数据库；一种是创建一个空数据库的方法。

① 使用数据库向导创建数据库，只要三个步骤即可完成数据库的创建工作。即启动数据库向导，回答向导提问，自动创建数据库。创建的数据库包含表、窗体、查询、报表等对象，但不包含具体数据。

② 使用 Access 创建一个空数据库步骤很简单，但其中不仅没有数据也没有任何数据库对象，只是一个框架，以后可根据需要向数据库中添加表、窗体、查询、报表等数据库对象和数据。

3．Access 数据库的基本结构

通过本章的学习，要了解 Access 数据库的基本结构，要清楚数据库的组成元素并了解数据是如何在表、窗体、查询、报表对象之间流动，表、查询与窗体、报表的"绑定"关系以及表与查询的"链接"关系。

通过本章的学习，要了解建立表关系的重要性，理解表的三种关系（一对一关系；一对多关系；多对多关系）的含义。

思考与练习

一、问答题

1. 什么是概念模型？

2. 什么是数据模型？有哪些常见的数据模型？它的主要任务是什么？

3. 什么是物理模型？数据模型转变为物理模型包含哪些步骤？

4. 根据书中给出的汇科电脑公司的管理环境，分析其还应包含哪些表及字段？

5. 为什么要进行数据库设计？

6. 什么是关系、关系模式和关系数据模型？有哪些关系运算？

7. 什么是 E-R 图？E-R 图与关系数据模型有什么关系？

8. 关系规范化的含义是什么？如何衡量关系规范化的程度？

9. 什么是 Access 的向导？

10. 使用 Access 的数据库向导创建数据库有哪些步骤？

11. Access 数据库有哪些组成元素？

12. Access 的数据库对象之间如何传递数据？

13. 为什么要建立表关系？

二、上机操作

1. 使用数据库向导创建一个"工资管理"数据库。

2. 查看"工资管理"数据库中有哪些表对象。

3. 查看"工资管理"数据库中某个表的字段。

4. 查看"工资管理"数据库中表的关系。

5. 创建一个名称为"汇科电脑公司数据库"的空数据库。

第 **3** 章 | 在 Access 数据库中创建表

学习目标

☑ 能够使用设计器、向导、数据表三种方式创建表结构
☑ 能够根据需要设置字段的属性
☑ 能够直接向表中输入数据
☑ 能使用外部数据创建表
☑ 能够创建不同表之间的关系

3.1 创建表结构

设计数据库的物理模型如同绘制数据库楼房的设计图纸,创建空数据库如同在 Access 系统中规划出一块建造数据库楼房的"地皮",创建表结构如同按设计图纸在地皮上建楼房,数据库中的一个个表结构如同数据库大楼中存放数据(记录)的一个个"房间",表结构中的字段如同"房间"中存放数据的各种类型的"柜子",在表结构下输入的具体数值如同在"柜子"中存放的书籍或衣物。

在 Access 中创建表对象分为两个步骤:创建表结构,向表中输入数据(值)。在 Access 中可以使用设计器、数据表、表向导三种方式创建表结构。

3.1.1 了解 Access 的数据类型

在计算机的数据库中存放数据,先要定义存放数据的类型,因为不同的数据库可以存储不同类型的数据,例如,可以是文字、数字、图像、声音等不同数据类型。Access 能存储"文本"、"备注"、"数字"、"日期/时间"、"货币"、"自动编号"、"是/否"、"OLE 对象"、"超链接"、"查阅向导"十种数据类型。

1. 文本

这种类型的字段允许存储最大长度为 255 个字符或数字,Access 默认值为 50 个字符,而且系统只保存输入到字段中的字符,而不保存文本字段中的空字符。

2. 备注

这种类型的字段允许存储长度较长的文本及数字,最大长度可达 64 000 个字符。但 Access 不能对备注字段进行排序或索引,而文本字段可以进行排序和索引。

3．数字

这种类型的字段可以存储进行算术计算的数字数据，可通过设置"字段大小"属性确定数字类型为"字节"、"整型"、"长整型"、"单精度型"、"双精度型"、"同步复制 ID"、"小数"等数字类型，字节型为 1 字节（0～255），整型 2 字节（–32 768～32 767），长整型 4 字节（$-2^{32}-1$～$2^{32}-1$），单精度型 4 字节，双精度型 8 字节、小数型 14 字节。Access 默认为"双精度型"。

4．日期/时间

这种类型的字段可存储日期、时间或日期时间数据，其长度系统默认为 8 个字节。

5．货币

这种类型是数字数据类型的特殊类型，等价于双精度数字类型。输入货币字段数据时，Access 会自动显示人民币符号和千位处的逗号，并添加两位小数。当小数部分多于两位时，Access 会对数据进行四舍五入。精确度为小数点左方 15 位数及右方 4 位数。

6．自动编号

这种类型的字段可用来存储递增信息的数据，数据长度为 4 个字节。该类数据不用输入，添加新记录时，Access 会自动插入唯一顺序或者随机编号。自动编号一旦被指定，会永久地与记录连接。如果删除了表中含有自动编号字段的一个记录后，Access 并不会为表格自动编号字段重新编号。

7．是/否

这种类型的字段用来存储只包含两个不同可选值的数据，其值为 Yes/No、True/False 或 On/Off。其数据长度为 1 个字符。

8．OLE 对象

这种类型允许字段存储 OLE 对象。OLE 对象是指使用 OLE 协议程序创建的对象，例如，Word 文档、Excel 电子表格、图像、声音或其他二进制数据。OLE 对象字段最大长度为 1GB。

9．超链接

这种数据类型允许存储超链接，可以是包含超链接地址的文本或以文本形式存储的字符与数字的组合。其字段最大长度为 64 000 个字符。

10．查阅向导

这种数据类型可存储一个数据列表。其字段长度为 4 个字节。

在 Access 中，确定字段数据类型后系统会为该字段分配存储的数据空间，每种数据类型空间大小是固定的、专用的。当给一个字段输入数据时，这个字段空间大小不会随数据的内容而变化。如果输入一个字符 A，使用"文本"类型，其字段空间会空出 49 个字符空间。使用"备注"类型，则会空出 63 999 个字符空间，空出的空间不能再输入数据，这样就会白白浪费空间。因此，要确定恰当的字段大小。

在计算和使用字段的数据时，要注意字段的数据类型，比如，两个值 111 和 222，在"数字"类型中是数字，在"文本"类型中是文本。如果将这两个值相加求和，数字类型计算出来的结果是 333，文本类型相加的结果则是 111222。因此，设置正确、合适的数据类型很重要。

3.1.2　使用表设计器创建表结构

创建表结构就是在数据库中定义表对象名、字段名、字段数据类型、字段大小等。因此，创建表结构可以分为表结构设计与建立机中表结构两个阶段。表结构设计即定义表名、字段名、字段数据类型与字段属性等，这些工作可以在建立数据库的物理模型中完成。建立机中表结构即在计算机数据库中定义表名、字段名、字段数据类型与字段大小等，其实质是在计算机中为数据准备存储空间。

下面以实例说明使用 Access 表设计器创建表结构的方法。

【操作实例 1】创建"汇科电脑公司数据库"中"物品"表结构。

操作步骤：

（1）打开表设计视图

① 启动 Access，在"新建文件"任务窗格"打开文件"栏下双击"汇科电脑公司数据库"选项，如图 3-1 所示。在主窗口中打开图 3-2 所示的"汇科电脑公司数据库"数据库窗口。

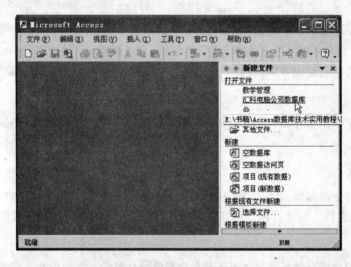

图 3-1　选择要打开的数据库名称

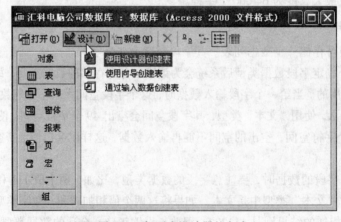

图 3-2　打开表设计器的方式

② 在图 3-2 所示的数据库窗口中，先在"对象"栏中选择"表"对象，然后单击数据库窗口工具栏上的"设计"按钮或双击"使用设计器创建表"创建方法命令，打开图 3-3 所示的表设计视图。

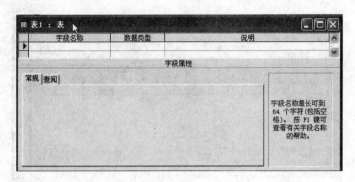

图 3-3 表设计视图

表设计视图分为上下两大部分：

上半部分是表设计区（又称表设计器），包含"字段名称"、"数据类型"、"说明"三列，用来定义表字段名称，定义字段的数据类型，说明该字段的特殊用途。

下半部分是字段属性区，用来设置字段的属性。

（2）定义字段名称、数据类型

① 单击表设计器第 1 行"字段名称"单元格，输入"物品"表第 1 个字段名称"物品编号"。

② 单击第 1 行"数据类型"单元格右边的下拉按钮，下拉列表中列出 Access 的所有数据类型，选择"文本"选项。在"说明"单元格中输入"主关键字"，如图 3-4 所示。

图 3-4 在表设计器中定义表的字段名称、数据类型

（3）定义字段大小及其他字段属性

在字段属性区选择"常规"选项卡，将"字段大小"数值框中的默认值 50 改为 10，在"必填字段"文本框中选择"是"，如图 3-4 所示。

同理，可根据物理模型中的定义，输入"物品"表中其他字段的名称、数据类型、字段大小等。

（4）设置主关键字

方法 1：单击"字段选择器"按钮▶，选择"物品编号"字段，单击主窗口工具栏上的"主键"按钮，如图 3-5 所示。

图 3-5　"表设计"工具栏上的"主键"按钮

方法 2：右击字段名"物品编号"，在弹出的快捷菜单中选择"主键"命令，如图 3-6 所示。

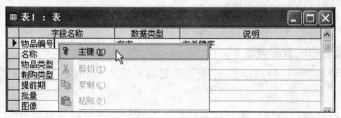

图 3-6　设置主键

方法 3：在菜单栏选择"编辑"→"主键"命令。

设置主键后，该字段行选择器按钮上会出现一个小钥匙图标，如图 3-7 所示。

注意：如果主键由多个字段组成，可按住【Ctrl】键不放，然后单击"字段选择器"按钮，选中每个作为主键的字段，再单击"主键"按钮，即可同时将它们标记为主键。

如果要取消字段的主键定义，可选择主键字段后单击"主键"按钮。

（5）保存表结构

① 单击表设计视图右上角区按钮或单击工具栏上的"保存"按钮，会弹出如图 3-8 所示的对话框。

图 3-7　主键字段的标志　　　　图 3-8　保存表结构对话框

② 单击"是"按钮，弹出图 3-9 所示的"另存为"对话框，在"表名称"文本框中输入"物品"并单击"确定"按钮，则回到数据库窗口，这时在数据库窗口会出现刚刚创建的"物品"表，如图 3-10 所示。

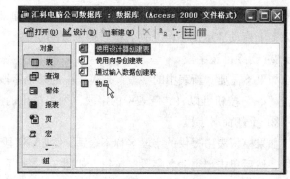

图 3-9 选取表名称对话框   图 3-10 新创建的"物品"表文件

3.1.3 使用表向导创建表结构

使用 Access 表向导，可以快速创建一个表结构。一般在创建一个与表模板有类似表结构时使用。

1. 使用表向导创建表结构

【操作实例 2】使用表向导创建"供应商"表结构。

操作步骤：

（1）启动表向导

在数据库窗口选择"表"对象，双击"使用向导创建表"创建方法启动表向导，打开"表向导"对话框，如图 3-11 所示。

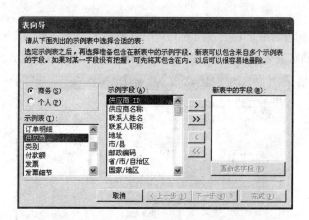

图 3-11 "表向导"对话框

（2）选择合适的表模板

表向导提供了"商务"与"个人"两种类型的表模板。选择"商务"类型，可在"示例表"列表框中选择模板中的表，图 3-11 中选择了"供应商"表。

（3）选择需要的字段并确定字段名称

① 选择表中字段。

选择"供应商"表后，可在"示例字段"列表框中选择需要的字段，然后单击">"按钮，选中的字段会添加到"新表中的字段"列表框中。单击">>"按钮可以将"示例字段"列表框中的所有字段都添加到"新表中的字段"列表框中。如果"示例字段"列表框中的字段没法看见，可以上下拖动"示例字段"列表框右侧的滚动条。

② 删除已选字段。

如果不需要"新表中的字段"列表框中的某个字段，可选中它然后单击"<"按钮即可删除。单击"<<"按钮可以将"新表中的字段"列表框中的所有字段值都删除。

③ 重新命名字段。

如果模板表中提供的字段名称不合适，例如，字段"地址"应为"通信地址"，可选择"地址"字段，然后单击"重命名字段"按钮，如图 3-12 所示，会打开图 3-13 所示的"重命名字段"对话框，可以把字段"地址"修改为"通信地址"。

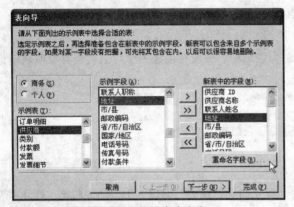

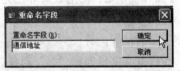

图 3-12　选择表中字段　　　　　　　　　　图 3-13　修改字段名称

（4）选取表名

选择字段并确定字段名后，在"表向导"对话框中单击"下一步"按钮，在图 3-14 所示的"表向导"对话框中确定表名称为"供应商"，并选择"不，让我自己设置主键"单选按钮。

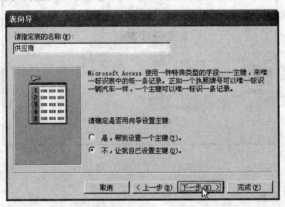

图 3-14　确定表名称

（5）设置主键及主键字段数据类型

在接着出现的确定主键界面中，从字段下拉列表中选择"供应商 ID"，将确定"供应商 ID"为主键字段。选择"添加新记录时我自己输入的数字"单选按钮，将定义"供应商 ID"字段为"数字"类型数据，如图 3-15 所示。

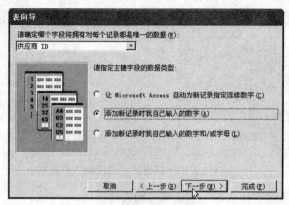

图 3-15　确定主键

（6）确定该表与数据库中其他表的关系

单击"下一步"按钮，在接着出现的图 3-16 所示的确定表关系界面中确定该表与数据库中其他表的关系，因为该表与"物品"表不相关，所以直接单击"下一步"按钮即可。

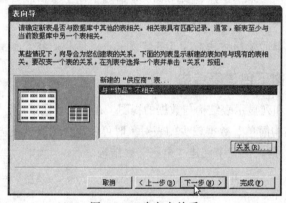

图 3-16　确定表关系

（7）结束表向导的工作

确定表之间关系后，在接着出现的图 3-17 所示的完成表向导提问界面框中选择"修改表的设计"单选按钮，单击"完成"按钮，即可结束向导的提问。

向导得到所有需要的信息后，会自动创建出所要的表结构，如图 3-18 所示。

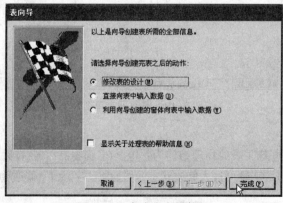

图 3-17　完成表向导提问

图 3-18　表向导创建的"供应商"表结构

2．使用表设计器修改字段大小、删除与添加表字段

由表向导创建的表结构一般不能满足实际要求，通常要使用表设计器对该表做进一步的修改，可以修改字段大小、数据类型等。使用表向导创建的文本型字段都定义为 50 个字符，数字字段都定义为长整型。

如果不需要表结构中的某个字段，使用表设计器选中该字段，然后按【Delete】键即可删除该字段。在表设计器中也可以直接向表中添加字段。

注意：掌握表设计器的使用方法对于正确建立一个表结构是非常重要的。

3.1.4　在数据表视图下创建表结构

数据表视图是按行和列显示表结构与数据的视图。在数据表视图中，可以同时定义表字段与输入数据。创建一个结构简单、数据较少的表对象时可使用数据表视图方式。

【操作实例 3】 在数据表视图中创建"电脑"表结构。

操作步骤：

（1）打开数据表视图

在数据库窗口选择"表"对象，双击"通过输入数据创建表"创建方法，屏幕上会打开一个空数据表视图，如图 3-19 所示。

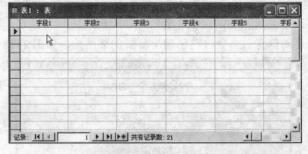

图 3-19　空数据表视图

（2）输入字段名

已知物理模型中"电脑"表的物理结构为：电脑(电脑物品编号(查阅向导,主键))

双击表 1 的"字段 1"字段可进入修改状态，然后将"字段 1"修改为"电脑物品编号"，如图 3-20 所示。

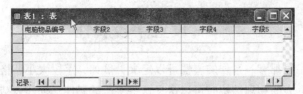

图 3-20 双击"字段"字段输入字段名称

（3）选取表名，设置主键

单击工具栏上的"保存"按钮或数据表右上角的 ☒ 按钮，会弹出是否保存对表设计的更改对话框，如图 3-21 所示，单击"是"按钮，在弹出的"另存为"对话框的"表名称"文本框中输入"电脑"并单击"确定"按钮，如图 3-22 所示，会出现图 3-23 所示的对话框，可确定是否定义主键。如果单击"是"按钮，在表中会添加一个数据类型为"自动编号"的"编号"主键字段；不设置主键，可单击"否"按钮。

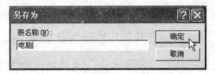

图 3-21 保存提示对话框　　　　　　　　图 3-22 "另存为"对话框

图 3-23 是否定义主键提示对话框

（4）输入数据

如图 3-24 所示，直接输入"电脑物品编号"数据。

（5）使用设计器修改表结构

因为使用数据表视图创建的表结构只定义了"电脑"表的字段名，没有定义字段数据类型和属性，表结构中所有字段都为默认的文本型数据，所以要使用设计器对表结构进行修改。

① 在数据表视图中单击主窗口工具栏上的"视图"按钮 ⚲ ▾，将数据表视图转换为设计视图。

② 选择"电脑物品编号"字段，单击主窗口工具栏的"主键"按钮 🔑，将其设置为主键，如图 3-25 所示。

③ 修改"电脑物品编号"字段大小为 10，如图 3-25 所示。

④ 单击"电脑"表右上角☒ 按钮，关闭表视图，结束创建表的任务。

图 3-24 输入"电脑物品编号"数据　　　图 3-25 修改"电脑物品编号"字段大小

注意： 通过主窗口工具栏上的"视图"按钮，可在表设计、数据表等视图中方便地切换。

3.2　设置字段属性

表结构中的每个字段都有一系列的属性可以定义，例如，字段大小、格式、标题、默认值、有效性规则等。在设计表的物理结构时可以定义这些字段的属性，创建表结构或修改表结构时可以设置定义的字段属性。

本节介绍如何在 Access 中设置表对象字段的属性。

3.2.1　"字段大小"属性

"字段大小"属性用来确定字段的存储空间大小。在 Access 中"字段大小"属性只控制文本型和数字型数据类型。

在选择文本型和数字型后，Access 会自动给一个默认值，所以设置字段大小其实是修改"字段大小"属性。修改字段大小时，文本型可以直接在其属性框输入 0～255 中的任何整数；对于数字型字段，可以在其属性框单击右边的下拉按钮，从弹出的下拉列表中选择不同数字类型。

注意：修改"字段大小"属性时，如果文本字段中已经有数据，减小字段大小会丢失数据，Access 会切去超出新限制的字符；如果修改包含小数字段的数字类型为整型，Access 会自动取整。因此，修改字段大小时要特别小心。

3.2.2　"格式"属性

字段的"格式"属性用来确定字段中数据的打印方式和屏幕显示方式。

设置字段格式时，将光标移到"格式"属性框中，然后单击右边的下拉按钮，从弹出的下拉列表中选择合适的格式。例如，可设置"零售价格"字段的数据类型为"数字"，"字段大小"属性为"小数"，"格式"属性为"标准"，如图 3-26 所示。

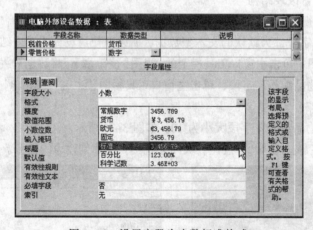

图 3-26　设置字段为小数标准格式

对于日期/时间类型字段，例如，"购买日期"字段，其"格式"属性可设置为"常规日期"，如图 3-27 所示。

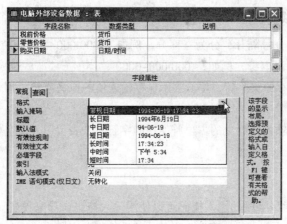

图 3-27 "常规日期"格式设置

3.2.3 "输入掩码"属性

"输入掩码"属性用来规定对输入的数据的要求,可以自动检查输入的数据与字段要求的格式标准是否一致。输入掩码就像字段数据的模板,输入的数据必须满足输入掩码的要求,否则就不能输入到这个字段中。

1. 常用掩码字符及含义

使用输入掩码必须了解掩码字符的含义,常用掩码字符的含义如表 3-1 所示。

表 3-1 常用掩码字符及含义

掩 码 字 符	掩 码 字 符 的 含 义
0	只可输入 0～9 数字,必填
9	可输入 0～9 数字或空格,可选
#	可输入 0～9 数字,可输入空格、－、＋,保存数据时空格将被删除,可选
&	可输入任何字符,不可输入空格,必填
C	可输入任何字符或空格,可选
A	可输入字母或数字,不可输入空格,必填
a	可输入字母或数字,可输入空格,可选
L	必须输入一个英文字母,不可输入空格,必填
?	必须输入一个英文字母,可输入空格,可选
>	转换右边字符为小写英文字母
<	转换右边字符为大写英文字母
!	使输入掩码从右到左显示
:	:
;	－
/	小数点占位符及千位、日期与时间的分隔符
密码	显示为*号,但以输入的字符或数字保存

例如,输入掩码为:(000)000-0000,允许输入的数据为:(206)55-0233。

2．输入掩码的组成

完整的输入掩码用分号隔开，分为三部分，例如，(000)000-0000!;0;""。

第一部分为输入掩码本身，例如，(000)000-0000!；

第二部分为是否保存原义字符，用 0 表示保存输入值的原义字符，用 1 或空白表示只保存输入的非空格字符；

第三部分为显示在输入掩码处的占位符使用的字符，""表示用一个空格显示，如果省略该部分，则用下画线显示。

3．输入掩码向导

文本型和日期/时间型字段的输入掩码可以使用输入掩码向导来设置。

【操作实例 4】通过设置"供应商"表中的"邮政编码"字段来说明使用向导设置输入掩码的过程。

操作步骤：

（1）打开"供应商"表

在数据库窗口选择"供应商"表，单击工具栏"设计"按钮，可在设计视图中打开该表。选择"供应商"表中的"邮政编码"字段，然后将鼠标移到"字段属性"区"常规"选项卡下的"输入掩码"框中，如图 3-28 所示。

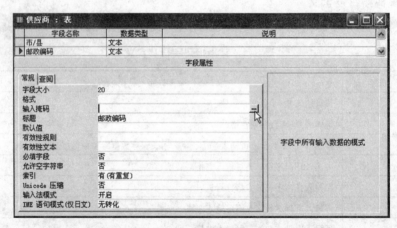

图 3-28　设置输入掩码

（2）启动输入掩码向导

单击输入掩码框最右边的按钮 ，启动输入掩码向导，在图 3-29 所示对话框中单击"是"按钮，打开"输入掩码向导"对话框，如图 3-30 所示。

（3）选择输入掩码类型

在图 3-30 所示对话框的"输入掩码"列表框中选择输入掩码类型，再单击"下一步"按钮。

图 3-29　保存表提示对话框

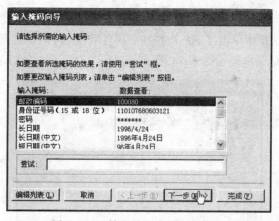

图 3-30　"输入掩码向导"对话框

（4）确定输入掩码及占位符

如图 3-31 所示，使用向导的默认输入掩码 000000，可直接单击"下一步"按钮。

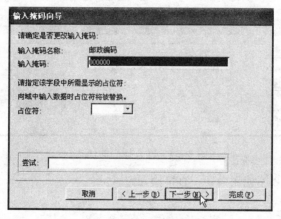

图 3-31　确定输入掩码及占位符

（5）选择保存数据的方式

在保存数据时可以选择掩码中的符号，也可不选，图 3-32 选择不使用掩码符号。

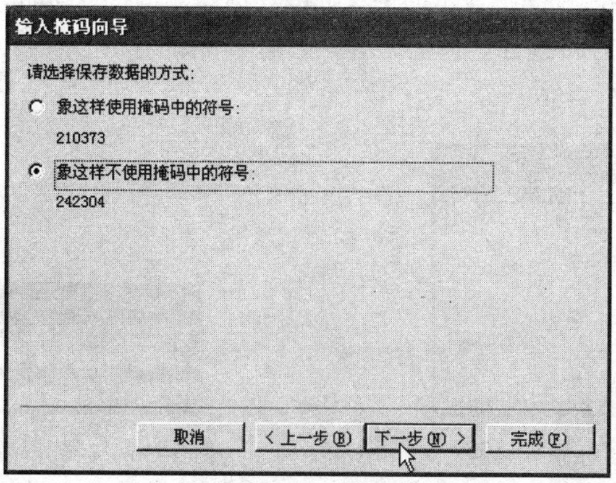

图 3-32　确定数据保存的方式

（6）自动创建输入掩码

在图 3-33 所示对话框中单击"完成"按钮，即可回答向导的所有提问，系统即可自动创建输入掩码。向导创建的输入掩码如图 3-34 所示。

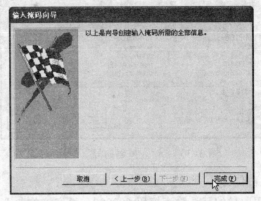

图 3-33　完成向导提问

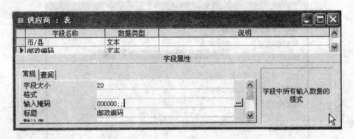

图 3-34　输入掩码的样式

熟悉掩码含义后可以不使用向导，直接输入掩码。

3.2.4 "标题"属性

"标题"属性用来在数据表视图以及窗体中显示字段名称。如果没有指定标题，会直接使用表结构的字段名称作为标题。如果字段名称为字母、英文或意义不明确，可以设置"标题"属性为该字段指定的一个在数据表视图下显示的中文标题。例如，指定"物品"表中"名称"字段的标题为"物品名称"，如图 3-35 所示，单击工具栏上的"视图"按钮，可看到其在数据表视图中显示的字段标题，如图 3-36 所示。

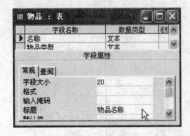

图 3-35　设置"标题"属性

图 3-36　在数据表视图中显示的标题

注意：字段名与字段标题可以不同，但数据库中只认识表结构中定义的字段名称。

3.2.5　"默认值"属性

"默认值"属性用来在输入新记录的数据时自动将定义的默认值直接输入到字段中。这个属性对那些数据内容基本相同的字段非常有用。例如，可在"物品"表中，为"提前期"字段设置默认值 2，如图 3-37 所示。用户可以直接使用这个默认值，也可以输入新值取代它。

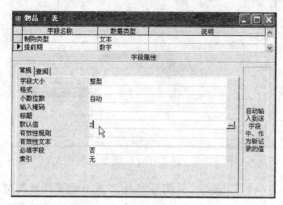

图 3-37　设置字段的默认值

3.2.6　"有效性规则"与"有效性文本"属性

1. "有效性规则"属性的作用

"有效性规则"属性用来防止非法的数据输入到表中。有效性规则的形式及设置的目的随字段数据类型的不同而不同。对文本型字段可以设置输入的字符个数不能超过某一个值。对数字型字段，可以定义只能接受一定范围内的数据。对日期时间型字段可以将数值限制在一定的月份或年份内。例如，对"物品"表中的"制购类型"字段可以设定只能输入 M（生产）或 B（购买）两个字母。

2. 设置"有效性规则"与"有效性文本"属性的方法

下面以实例说明设置"有效性规则"与"有效性文本"属性的方法。

【操作实例 5】设置"物品"表"制购类型"字段的"有效性规则"与"有效性文本"属性，限制"制购类型"字段只能输入 1（生产的物品）或 2（购买的物品）两个字符。

操作步骤：

① 打开"物品"表，在设计视图选择"制购类型"字段。

② 在"有效性规则"属性框输入 In ("M","B")，如图 3-38 所示。In 为包含函数。

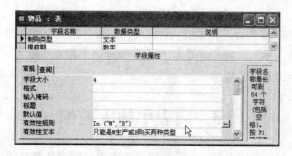

图 3-38　设置"有效性规则"属性

单击"有效性规则"属性框右边的按钮 **...**，打开"表达式生成器"对话框，利用表达式生成器输入有效性规则的表达式，如图 3-39 所示。

图 3-39　定义有效性规则的表达式

③ 在"有效性文本"属性框输入"只能是 M 生产或 B 购买两种类型"，如图 3-38 所示。当输入的数据不是 m 或 b 时，会出现显示"只能是 M 生产或 B 购买两种类型！"的提示框，如图 3-40 所示，说明输入的值与有效性规则发生冲突，系统拒绝接受此数值。有效性规则能够检查错误的输入或者不符合逻辑的输入。

图 3-40　"有效性文本"属性的使用

3.2.7　其他属性

1. "必填"属性

"必填"属性指定该字段是否必须输入数据，选择"否"表示可以不输入数据。

2. "索引"属性

"索引"属性确定该字段是否进行索引。索引可以加快数据的查询和排序速度，但会使表的更新操作变慢。可以选择"无"、"有（无重复）"（可禁止该字段有重复值）、"有（有重复）"。

其他的字段属性请读者自己理解。

3.3　向表中输入数据

创建表结构后，数据库中的表是一个没有数据的空表，就像装修好的房子还没有住人、图书馆的书架还没有摆放图书。有了数据才能对数据进行处理，输出对用户有用的信息，所以，创建表对象的一个重要任务是向表中输入数据。

本节介绍向表中输入数据的方法。

3.3.1　输入不同类型的数据

【操作实例6】在"物品"表中输入不同类型的数据。

操作步骤：

（1）在数据表视图下打开"物品"表

启动 Access，打开"汇科电脑公司数据库"数据库，在数据库窗口"对象"栏中选择"表"对象，在"已有对象列表"中双击"物品"表名称或选中"物品"表，单击数据库窗口工具栏上的"打开"按钮，如图 3-41 所示，即可在数据表视图下打开图 3-42 所示的空"物品"表。

图 3-41　在数据库窗口打开"物品"表的方式

图 3-42　在数据表视图下打开的空表

（2）输入文本型数据

文本型数据可直接在图 3-42 所示的数据表网格中输入。在输入第一个字符时，会自动多出一条空记录，且其左侧小按钮上有"*"标记。输入各字段数据后"物品"表如图 3-43 所示。

图 3-43　输入数据后的表

（3）输入日期与时间型数据

输入日期与时间型数据最简单的方式是按"年/月/日"格式，如 89/9/9，然后将鼠标移到其他字段网格中，系统会按定义的时间格式自动输入日期的完整值，如 1989-09-09。

（4）输入 OLE 对象

① 在数据表视图下打开"物品"表。

② 将鼠标插入点移到"图像"字段数据栏，网格中会出现一个虚线框，表示该字段已被选中，如图 3-44 所示。

③ 在工具栏菜单上选择"插入"→"对象"命令，如图 3-44 所示。或右击，在弹出的快捷菜单中选择"插入对象"命令。

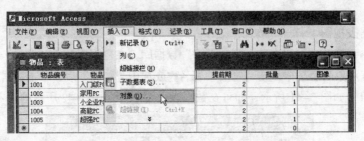

图 3-44 选择"插入"→"对象"命令

④ 在图 3-45 所示的插入对象对话框中，选择"由文件创建"单选按钮，单击"浏览"按钮，在弹出的"浏览"对话框中选择存放图像文件的路径。

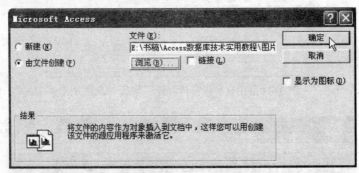

图 3-45 插入对象对话框

⑤ 在插入对象对话框中单击"确定"按钮，选中的图片作为 OLE 对象就保存到"图片"字段了。只是在"数据表"视图中看不到图片的原貌，在窗体视图下才能看到图片的全貌。

（5）输入超链接型数据

① 在数据表视图下将鼠标插入点移到"电子邮件地址"字段。

② 在主窗口菜单栏选择"插入"→"超链接"命令或单击主窗口工具栏插入超链接按钮，打开"插入超链接"对话框并单击"电子邮件地址"按钮，如图 3-46 所示。

在"插入超链接"对话框中，可以创建五种超链接：原有文件、Web 页、此数据库中的对象、新建页、电子邮件地址。

③ 在"要显示的文字"文本框中输入在"物品"表中显示的文字，例如"lianxiang@lx.com"。

④ 在"电子邮件地址"文本框中输入真实的邮件地址，例如"lianxiang@lx.com"。系统会自动添加"mailto:"，如图 3-46 所示。

⑤ 单击"确定"按钮即可将超链接数据输入到"物品"表中。

图 3-46　"插入超链接"对话框

使用超链接可以直接链接到该页面或打开该对象，也可直接打开邮件编辑器书写电子邮件。

3.3.2　通过查阅列与值列表输入数据

1. 使用查阅列输入数据

为了提高输入数据的效率并保证输入数据的准确性，最好减少用户直接输入数据的操作，例如，可以提供一个查阅列让用户在输入数据时只要从中选择即可。图 3-47 就是一个查阅列，在输入"电脑物品编号"字段的数据时只要从下拉的查阅列中选择即可。

创建查阅列其实是将该字段定义为"查阅向导"数据类型。定义"查阅向导"字段的方法有些特殊，可以使用两种方法：一是通过查阅向导来定义；二是通过字段属性中的"查阅"属性来定义。下面通过操作实例分别介绍这两种创建"查阅向导"字段的方法。

【操作实例 7】通过"查阅向导"创建查阅列。

操作步骤：

（1）启动"查阅向导"

在设计视图中打开"电脑"表，在"数据类型"下拉列表中选择并单击"查阅向导"选项，如图 3-48 所示，会启动查阅向导，打开图 3-49 所示的"查阅向导"对话框。

图 3-47　查阅列

图 3-48　在表设计器中启动查阅向导

（2）选择查阅列的数据来源方式

在"查阅向导"对话框中选择"使用查阅列查阅表或查询中的值"单选按钮，可确定查阅列数值来源为表或查询。

图 3-49   确定查阅列值的数值来源

（3）确定为查阅列提供数据的表或查询

单击"下一步"按钮，在接着出现的对话框的"视图"框中选择"表"单选按钮，在"请选择为查阅列提供数值的表或查询"框中选择"物品"表，因为"物品"表中有"物品编号"字段的数值可以使用，如图 3-50 所示。

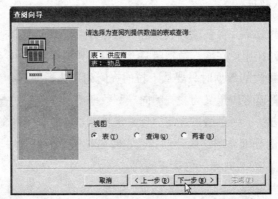

图 3-50   选择为查阅列提供数据的表

（4）从表中选择提供数据的字段

单击"下一步"按钮，在接着出现的对话框的"可用字段"栏下选择"物品编号"字段，然后单击">"按钮，"物品编号"字段会出现在"选定字段"栏中，如图 3-51 所示。

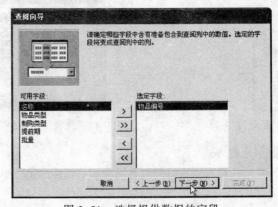

图 3-51   选择提供数据的字段

（5）调整查阅列中列的宽度

单击"下一步"按钮，在图 3-52 所示对话框中调整查阅列的宽度。

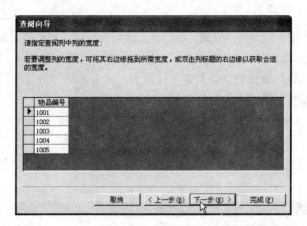

图 3-52　调整查阅列中列的宽度

（6）确定查阅列字段的标签

单击"下一步"按钮，在图 3-53 所示的对话框中可以确定查阅列字段的标签，即在数据表视图中出现的字段标题。

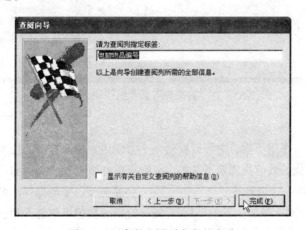

图 3-53　确定查阅列字段的名称

（7）保存表

单击"完成"按钮，会出现图 3-54 所示的保存表对话框，可将其结果保存到表中。单击"是"按钮即可完成"查阅向导"字段的创建。

【操作实例 8】通过设置字段的"查阅"属性创建"配件"表中"配件物品编号"字段的查阅列。

操作步骤：

（1）创建"配件"表结构

在"汇科电脑公司数据库"的数据库窗口双击"使用设计器创建表"创建方法，在设计视图下打开一个新表，在"字段名称"栏下输入"配件物品

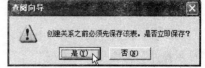

图 3-54　保存表提示对话框

编号"、"电脑物品编号"、"配件数量"，并保存表结构为"配件"。选择"配件物品编号"字段，然后将鼠标移到"数据类型"字段栏，保持默认值为"文本"型。

（2）设置"查阅"属性

① 在字段属性选项卡中选择"查阅"选项卡。此时可看到"配件物品编号"字段默认的"显示控件"属性是"文本框"。

② 单击"显示控件"属性组合框右边下拉箭头，从中选择"组合框"选项。

③ 在"行来源类型"属性中选择"表/查询"选项。

④ 在"行来源"属性框中输入 SQL 语句 "SELECT 物品.物品编号 FROM 物品;"，其设置结果如图 3-55 所示。

⑤ 按图 3-55 所示设置其他属性。保存"配件"表即可完成"配件物品编号"字段查阅列的定义。

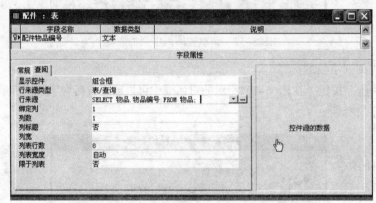

图 3-55　在"行来源"属性框中输入 SQL 语句

2．创建值列表

值列表与查阅列的作用类似，它可以提供一个方便用户输入数据的值列表，它与查阅列的不同之处是值列表中提供的数值是固定不变的，一般提供的数据较少，例如可以为"性别"字段提供一个值列表"男、女"，为"物品类型"字段提供一个值列表"电脑产品、配件、外设、其他"。而查阅列提供的数值可以随着相应表中数据的变化而变化，可以提供较多的数值。在数据表视图中"值列表"的样式如图 3-56 所示。

图 3-56　值列表

【操作实例 9】创建"物品"表"物品类型"字段的值列表。

操作步骤：

① 在表设计视图中打开"物品"表，在设计器中选择"物品类型"字段。

② 在字段属性区选项卡中选择"查阅"选项卡，如图 3-57 所示。此时可看到该字段默认的"显示控件"属性是"文本框"。

③ 单击"显示控件"属性右边下拉按钮，从中选择"组合框"选项，如图 3-57 所示。

④ 在"行来源类型"属性中选择"值列表"选项，如图 3-57 所示。

⑤ 在"行来源"属性框中输入 ""电脑产品";"配件";"外设";"其他""，如图 3-57 所示。

⑥ 按图 3-57 所示设置其他属性。保存"物品"表即为"物品类型"字段创建了的值列表。

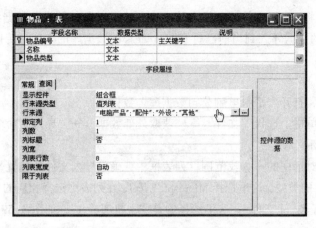

图 3-57　"物品类型"字段值列表的定义

3.4　导入表与数据

　　Access 提供有"数据导入"功能，可以将其他存在于计算机中的数据导入到当前 Access 数据库中。数据导入功能既可以简化用户的操作，又可以充分利用已有的数据资源，是创建表最快捷的方法。

　　Access 可以将 Excel、Louts 表文件、Dbase、FoxPro 等其他数据库管理系统创建的表文件、其他的 Access 数据库中的表对象导入到当前数据库中作为其中的表对象。

　　本节介绍如何将 Excel 表格中的数据或其他数据库中的数据导入到当前数据库中。

3.4.1　导入 Excel 表格中的数据

　　下面以 Excel "电脑外部设备数据编辑与查询子系统"表格（见图 3-58）为例，说明如何将 Excel 表中的数据导入到当前已打开的 Access 的数据库的表中。

	A	B	C	D
1		汇科电脑公司		
2		电脑外部设备价格表		
3	商品编号	商品名称	成本价	成本加价率
4	MT56M	Mitsubishi 56k Modem	$75.00	15%
5	CM56	Creative Labs 56k Modem	$76.00	20%
6	C340P	Canon 340P Scanner	$93.00	8%
7	C640P	Canon 640P Scanner	$118.00	8%
8	BJC2100	Canon Bubble jet 2100 Printer	$123.00	7%
9	HP640C	HP Deskjet 640c Printer	$135.00	8%
10	ES580	Epson Stylus 580 Printer	$146.00	7%
11	A1212U	Agfa Scanner	$160.00	10%
12	HP3400C	HP Scanjet 3400c Scanner	$164.00	8%
13	BJC3000	Canon Bubble jet 3000 Printer	$204.00	7%
14	HP840C	HP Deskjet 840c Printer	$206.00	8%
15	E640U	Epson Scanner	$227.00	10%
16	ES720	Epson Stylus 720 Printer	$268.00	10%
17	HP5300C	HP Scanjet 5300c Scanner	$350.00	10%

图 3-58　"上机实验 1.xls"文件

【操作实例 10】将 Excel 文件"上机实验 1.xls"中"电脑外部设备数据编辑与查询子系统"表（见图 3–58）中的数据导入到当前已打开的 Access 的数据库的表中，转换成一个"外设"表对象。

操作步骤：

① 启动 Access，打开"汇科电脑公司数据库"数据库。

② 在主窗口菜单栏上选择"文件"→"获取外部数据"→"导入"命令，打开"导入"对话框，如图 3–59 所示。

③ 在"导入"对话框的"查找范围"列表框中，确定导入文件的位置，在"文件类型"列表框中确定导入文件的类型，这里选择 Microsoft Excel，在列表中选择相应的文件（要确保读者使用的计算机中保存有 Excel 文件），这里选择的是"上机实验 1"，如图 3–59 所示。

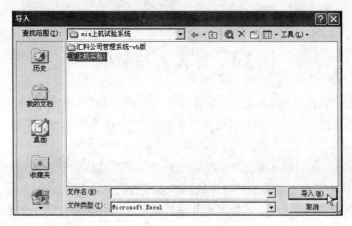

图 3–59 "导入"对话框

④ 选择导入的表。

在"导入"对话框中单击"导入"按钮，将打开"导入数据表向导"对话框，如图 3–60 所示。在"导入数据表向导"对话框中，选择"显示工作表"单选按钮，一般 Excel 文件中会包含几个表，这里选择"电脑外部设备数据编辑与查询子系统"表，然后单击"下一步"按钮。

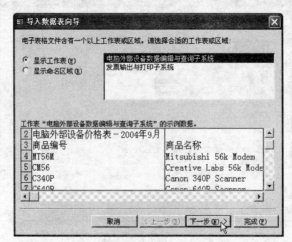

图 3–60 在"导入数据表向导"对话框中选择导入的表

⑤ 确定表的列标题。

在图 3-61 所示的对话框中可以选择"第一行包含列标题"复选框,可将原表的第一行作为数据库表中的字段名称和数据库视图中的列标题。因为"电脑外部设备数据编辑与查询子系统"表的第一行没有数据,这里不选择。直接单击"下一步"按钮。

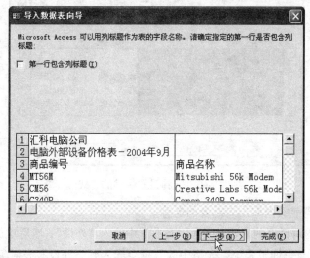

图 3-61 选择是否将原表的第一行作为数据库表中的列标题

⑥ 选择导入的列字段及字段名称。

在图 3-62 所示的对话框中,在下方的数据列显示栏中选择列,然后可以在"字段选项"栏的"字段名"文本框中输入该列字段名称,如果不想导入某列数据,可选择"不导入字段(跳过)"复选框,如图 3-62 所示,然后单击"下一步"按钮。

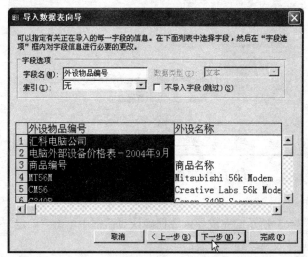

图 3-62 选择列字段及字段名称

⑦ 确定主键设置方式。

在图 3-63 所示的对话框中选择"我自己选择主键"单选按钮,主键名称可在右边字段列表框中选择,这里选择的是"外设物品编号",然后单击"下一步"按钮。

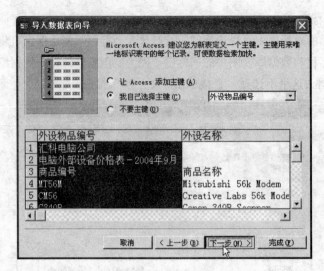

图 3-63　选择设置主键的方式

⑧ 确定导入到当前数据库中表对象的名称。

在图 3-64 所示的对话框的"导入到表"文本框中输入"外设"，然后单击"完成"按钮。"电脑外部设备数据编辑与查询子系统"表格中的数据会导入到"外设"表对象中。

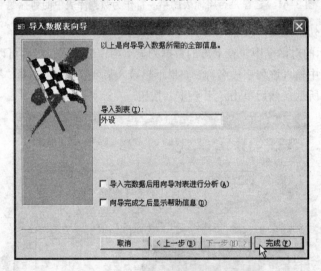

图 3-64　确定导入到数据库中表的名称

⑨ 开始导入工作。

在接着出现的图 3-65 所示的完成导入数据确认对话框中单击"确定"按钮，向导将自动开始将 Excel 表格的数据导入到"外设"表的工作。

图 3-65　确认 Excel 表导入任务

导入任务完成后，可在"汇科电脑公司数据库"数据库的表对象中看到导入的"外设"表，如图 3-66 所示，表明导入数据成功。

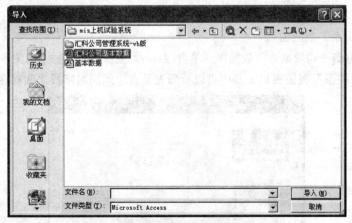

图 3-66　导入 Excel 数据的"外设"表

3.4.2　导入其他数据库中的表对象

如果在读者使用的计算机中还创建有其他 Access 数据库，可直接将其中已经存在的表对象导入到当前数据库中。

【操作实例 11】导入"汇科公司基本数据.mdb"数据库中的表对象。

操作步骤：

① 启动 Access，打开"汇科电脑公司数据库"数据库。

② 在主窗口菜单栏上选择"文件"→"获取外部数据"→"导入"命令，在打开的"导入"对话框中查找导入数据的数据库位置，选中数据库名称，然后单击"导入"按钮，如图 3-67 所示。

图 3-67　确定导出数据的数据库名称

③ 选择导入的表对象。

在"导入对象"对话框选择"表"选项卡，可在表对象列表框中看到这个数据库中已经创建的所有表对象，如图 3-68 所示。在表对象名称上单击可选中该表对象，按住【Ctrl】键再在表对象上单击可同时选中多个表，如图 3-68 所示。选择好导入的表后，单击"确定"按钮，可在当前数据库中看到导入的表对象。如果有相同表名称，会自动为导入的表名添加编号 1，例如"配件 1"。

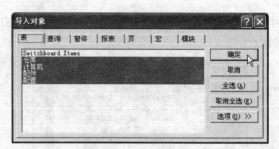

图 3-68   选择导入的表

注意：用同样的导入方法，还可以向当前数据库导入其他类型的数据库对象。

3.5 创建表关系

根据前面的介绍，读者可以创建多个数据库，在每个数据库中创建多个表，并可在表中存储大量的数据。

当数据库中存有大量数据时，如何管理和使用数据库表中的数据就成为重要的问题，这也是建立数据库的主要目的。在 Access 中要想管理和使用好数据库中的数据，要先创建数据库表的关系，这样才能为以后创建查询、窗体和报表等数据库对象及输出用户所需要的信息打好基础。

本节介绍创建与编辑表关系的方法。

3.5.1 创建与编辑表关系的方法

1. 创建表关系

【操作实例 12】创建"物品"、"配件"、"仓库"、"电脑"四个表之间的关系。

操作步骤：

（1）打开"关系"视图窗口

打开"汇科电脑公司数据库"数据库，单击 Access 主窗口工具栏上的关系按钮 ，将打开图 3-69 所示的"关系"视图窗口，其中可以看到表及表之间同名字段之间存在的连线。

图 3-69   表"关系"视图窗口

（2）在"关系"视图窗口上添加表

在图 3-69 所示界面上右击，在弹出的快捷菜单（见图 3-70）中选择"显示表"命令，可打开图 3-71 所示的"显示表"对话框，从中选择添加的表，这里选择"配件"表，然后单击"添加"按钮，即可将"配件"表添加到"关系"视图窗口，如图 3-72 所示。

图 3-70　快捷菜单　　　　　　　　　　图 3-71　"显示表"对话框

（3）编辑表关系

① 打开"编辑关系"对话框。

在"配件"字段列表上选择"电脑物品编号"，然后拖动鼠标到"电脑"字段列表的"电脑物品编号"上或在表之间的连线上双击，会打开"编辑关系"对话框，如图 3-73 所示。

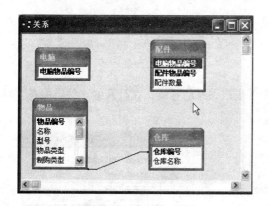

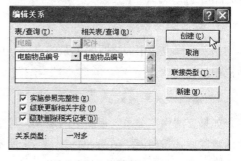

图 3-72　新添加的表　　　　　　　　　　图 3-73　"编辑关系"对话框

② 编辑关系。

在"编辑关系"对话框中选择"实施参照完整性"、"级联更新相关字段"、"级联删除相关字段"复选框，然后单击"创建"按钮即可创建两个表的关系。（选择"实施参照完整性"复选框后，"级联更新相关字段"和"级联删除相关字段"两个复选框才可以用。）

注意：选择"级联更新相关字段"复选框后，当更新主表时，Access 会自动更新关联表。选择"级联删除相关字段"复选框后，当删除主表某行时，关联表的行也会跟着被删除。

（4）浏览设置的关系

在"编辑关系"对话框中单击"创建"按钮，返回图 3-74 所示的"关系"视图窗口，可以看到，创建表关系后表之间连线的两端出现了"1"或"∞"符号，"1"符号出现在主表连线一端上，"∞"符号出现关联表连线一端上。

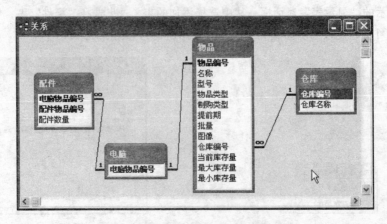

图 3-74　编辑后的表"关系"视图

（5）保存关系设置

单击"关系"视图窗口的关闭按钮×，这时 Access 会询问是否保存布局的更改，单击"是"按钮可保存创建的表关系布局。

2．删除表关系

如果要删除两个表之间的关系，可在"关系"视图窗口选中要删除关系的连线，然后按【Delete】键。

3．修改表关系

如果要修改两个表之间的关系的设置，可双击要更改关系的连线，在打开的"编辑关系"对话框中进行修改。

4．清除表关系版式

如果要清除"关系"视图中的版式，可单击工具栏上的清除版式按钮×，在弹出的图 3-75 所示的提示对话框中单击"是"按钮，"关系"视图窗口将成为空白窗口。

图 3-75　清除版式提示对话框

3.5.2　主表和关联表之间的规则

在创建表关系时，可设立一些准则，这些准则会有助于数据库中数据的完整性，例如在主表中输入的数据，在关联表中同名属性的字段也要输入相同的数据。参照完整性就是在输入或删除记录时，主表和关联表要遵循的规则。

实施参照完整性后，主表和关联表将遵循以下规则：
- 如果主表中没有相关记录，则不能将记录添加到关联表中；
- 如果关联表中存在匹配的记录，不能删除主表中的记录；
- 如果关联表中有相关记录时，不能更改主表中关键字的值。

如果违背参照完整性的规则，系统会自动强制执行参照完整性，拒绝对数据的操作。

小结与提高

1．创建表结构

本章介绍了在 Access 数据库中创建表结构的三种方法：

① 使用设计器创建表结构，这是最基本、最常用的方法，使用其他方法创建的表结构，还要使用设计器进行修改，因此，要重点掌握使用设计器创建表结构的方法。

② 使用表向导创建表结构，一般在创建的表与向导提供的表类似时才使用。

③ 使用数据表创建表结构，一般在表较少，数据较少时使用。

在创建表对象时经常使用设计视图与数据表视图，要清楚它们的用途，并掌握它们的切换方式。设计视图主要用来创建、修改表结构；数据表视图主要用来显示、输入、删除、添加表中的数据。

2．设置字段属性

本章介绍了设置字段属性的方法。通过设置字段属性可以方便地输入数据，可以保证输入数据的准确性，可以保证数据的安全。因此，了解字段都有哪些属性可以使用是非常重要的。

3．向表中输入数据

通过对本章的学习，要掌握快速正确地向表中输入数据的方法。要重点掌握创建"查阅向导"字段和"值列表"字段的方法，它们可以大大加快数据输入的效率和正确性。

通过本章学习，要掌握如何向表中输入文本型数据、日期与时间型数据、OLE 对象数据、超链接型数据的方法。

4．导入表与数据

通过对本章的学习，要掌握将其他已有数据导入到数据库中的方法，这样可以充分地利用原有的数据资源，可以节约时间。本章具体介绍了如何将 Excel 表及数据导入到 Access 数据库直接转变为表对象，将其他 Access 数据库中的对象导入到当前 Access 数据库的方法。

5．创建表关系

通过对本章的学习，要掌握建立表关系的方法，理解参照完整性的含义。创建表关系后，Access 可以实现以下功能：

① 创建查询对象时可自动根据表关系设置关联表，可以通过多个关联表创建查询对象。

② 对关联表实施参照完整性，即当主表数据更新时同时会更新关联表，包括自动级联更新相关字段和自动级联删除相关记录。

③ 在数据表视图中可在主表中显示关联表（或称子表）的数据。

思考与练习

一、问答题

1．Access 支持哪些类型的数据？

2. Access 表中字段有哪两类属性？有哪些常用的属性可以修改？

3. 为什么"教学管理"数据库中应该包含学生、教师、课程、学生选修成绩、教师授课课程五个表，而不是学生、教师、课程三个表？

4. 学生、教师、课程、学生选修成绩、教师授课课程五个表可以具有什么物理结构？

5. 表关系中一对一与一对多的含义是什么？

6. 表关系中"参照完整性"有什么作用？

二、上机操作

1. 建立"汇科电脑公司数据库"中物品、配件、电脑、仓库表的表结构，设置其字段属性，并尽可能提供"查阅列"和"值列表"字段，方便用户输入数据，输入一些模拟数据，建立表之间的关系。

2. 分析汇科电脑公司其他实体之间的关系，根据其关系创建表结构：

（1）供应商与配件、外设物品，存在多对多关系，不同供应商可提供不同价格的产品，创建"供应商"（如书中介绍）、"供应商与物品"（连接）表结构(供应商 ID,物品编号,采购物品编号,购买价)。

（2）客户与电脑、外设物品，存在多对多关系，电脑与外设为该公司的可销售物品。对不同客户可以不同价格销售电脑产品和外设，创建"客户与物品"（连接）表结构(客户ID,物品编号,销售物品编号,销售价)，"客户"表，包括：客户 ID、客户名称、联系人、电话、邮件地址、通信地址等属性。

（3）创建客户订单"CO1"表，包含字段"CO 单号"、"客户 ID"、"客户 PO 单号"、"销售员编号"、"订单日期"、"订单日期"等，表结构如图 3-76 所示。

（4）创建订单明细"CO2"表，包含字段"CO 单号"、"行号"、"销售物品编号"、"物品编号"、"订单数量"、"送货日期"、"完成状态"等，表结构如图 3-77 所示。

字段名称	数据类型	说明
CO单号	文本	客户订单号
客户 ID	文本	客户代号
客户PO单号	文本	客户采购单号
销售员编号	数字	
订单日期	日期/时间	

图 3-76　CO1 表结构

字段名称	数据类型	说明
CO单号	文本	客户订单号
行号	数字	客户代号
销售物品编号	文本	客户采购单号
物品编号	文本	
订单数量	文本	
单价	货币	
送货日期	日期/时间	
完成状态	是/否	是否完成订单

图 3-77　CO2 表结构

3. 对"汇科电脑公司数据库"中新创建的表分别设置不同的字段属性。

4. 建立"汇科电脑公司数据库"中表之间的关系，使它们具有参照完整性。

5. 向创建的表中输入一些模拟数据。

第 **4** 章 在 Access 数据库中维护与操作表

学习目标

☑ 能够维护表结构和表内容

☑ 能够美化表的外观

☑ 能够快速地查找表中数据

☑ 能够批量替换表中数据

☑ 掌握表中记录排序的方法

☑ 掌握表中记录筛选的方法

4.1 维 护 表

在创建数据库和表后，可能发现有些表的内容不能满足实际需要，需要添加或删除有些字段，有些字段的属性需要修改。为了使数据库中表结构更合理，内容更新，使用更有效，需要对表结构进行维护。

随着数据库的使用，随时会增加或删除一些数据记录，这样表的数据记录随时都会发生变化，实现这些变化就是维护表内容。

为了使表看上去更清楚、更漂亮，使用表时更方便，需要美化表的外观。

本节介绍维护表结构、维护表内容、美化表外观的方法。

4.1.1 维护表结构

维护表结构的操作主要在表设计视图中进行，所以，维护表结构要在表设计视图中打开表。

【操作实例1】通过"汇科电脑公司数据库"中的"物品"表说明如何维护表结构。

操作步骤：

（1）在"物品"表中插入一个"型号"文本字段

① 启动 Access，打开"汇科电脑公司数据库"数据库。

② 在数据库窗口中选择"物品"表，在主窗口菜单栏上选择"视图"→"设计视图"命令，在表设计视图下打开表。

③ 将光标移到要插入新字段的位置上（这里为"物品类型"字段），然后单击工具栏上的"插

入行"按钮 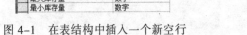，这时，字段名称列中会出现一个新空行，如图 4-1 所示。

④ 在新空行的"字段名称"文本框输入"型号"，在"数据类型"栏中选择"文本"。

⑤ 单击工具栏上的"保存"按钮 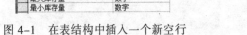，即可完成插入字段"型号"的任务。

（2）修改字段名称与字段属性

如果表字段名称不合适或要修改字段的属性，可在表设计视图中直接修改。

（3）删除字段

① 将光标移到要删除字段的位置上，单击工具栏上的"删除行"按钮 或按【Delete】键。

② 在出现的删除字段确认对话框中单击"是"按钮，如图 4-2 所示。

图 4-1　在表结构中插入一个新空行　　　图 4-2　删除字段确认对话框

③ 单击工具栏上的"保存"按钮，即可完成删除字段的任务。

注意：如果一次要删除多个字段，可按住【Ctrl】键不放，单击每个要删除字段的字段选择器，然后再单击工具栏上的"删除行"按钮或按【Delete】键。

4.1.2　维护表内容

维护表内容的操作主要在数据表视图中进行，所以，要维护表内容要先在数据表视图中打开表。

1．向表中添加记录

【操作实例 2】通过"汇科电脑公司数据库"数据库中的"物品"表说明如何维护表内容，向表中添加记录。

操作步骤：

① 在数据库窗口中双击"物品"表，在数据表视图中打开表。

② 单击主窗口工具栏上的"新记录"按钮 或表中"新记录"按钮 ，鼠标移到新记录上，输入该记录数据即可。

③ 单击工具栏上的"保存"按钮，即可完成添加记录的任务。

2．删除表中记录

如果表中某条记录不需要了，可将其删除，方法如下：

① 单击要删除记录的选择器 ，然后单击工具栏上的"删除记录"按钮 ，这时会出现删除记录的提示框，如图 4-3 所示。

② 单击"是"按钮即可删除该记录。

图 4-3　确认删除记录提示框

3．设置记录更改属性

删除记录时最好进行提示，否则无意删除的记录就无法恢复。如果删除记录时，没有出现图4-3 所示的提示框，可设置"记录更改"属性，令提示框出现，设置方法如下：

① 在主窗口工具栏选择"工具"→"选项"命令，打开如图 4-4 所示的"选项"对话框。

② 从中选择"编辑/查找"选项卡，在"确认"栏中选择"记录更改"复选框。

③ 单击"选项"对话框中的"确定"按钮，以后删除记录时就会出现提示框了。

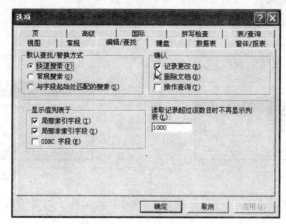

图 4-4　"选项"对话框

4．修改数据

如果发现记录中有错误的数据，可在数据表视图下直接修改数据，可选中错误的数据直接输入新数据，也可以先删除错误的数据再输入新数据。

5．复制字段数据

在输入数据时有些数据可能相同，这时可以使用复制和粘贴操作复制数据，复制数据的方法如下：

① 选中要复制的数据，然后按【Ctrl＋C】组合键或单击工具栏上的"复制"按钮，将数据复制到剪贴板上，简称复制。

② 移动鼠标到要输入数据的位置，按【Ctrl＋V】组合键或单击工具栏上的"粘贴"按钮，即可将复制在剪贴板上的数据粘贴出来，简称粘贴。

6．复制记录

如果记录中有多个字段数据是类似的，可以先选中一行记录按【Ctrl＋C】组合键进行复制，然后单击"新记录"按钮，再按【Ctrl＋V】组合键将复制的记录粘贴到新记录上。

4.1.3　美化表外观

维护表还包括美化表的外观，其目的是为了使表看上去更清楚、更漂亮，使用表时更方便。美化表外观的操作包括调整行高、列宽，设置数据字体等。

1．调整表的行高

① 打开要调整行高的表。

② 在主窗口菜单栏选择"格式"→"行高"命令，在弹出的"行高"对话框的"行高"文

本框中输入希望的行高值（会自动取消默认的标准高度）。如果在"行高"对话框中选择"标准高度"复选框，会使用默认的行高值 11.25，如图 4-5 所示。

③ 单击"行高"对话框的"确定"按钮，即可看到调整了所有行高的表。

2．调整列宽

① 打开要调整列宽的表。

② 选择要调整列宽的列，然后在主窗口菜单栏选择"格式"→"列宽"命令。

③ 在打开的"列宽"对话框中输入列的宽度值，如图 4-6 所示。如果在"列宽"对话框中选择"标准宽度"复选框，会使用默认的列宽值 15.4111。还可以单击"最佳匹配"按钮，让 Access 根据输入的数据自动确定列的宽度值。

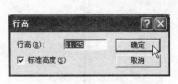

图 4-5　"行高"对话框　　　　　　　　　图 4-6　"列宽"对话框

④ 单击"列宽"对话框的"确定"按钮，即可看到调整了列宽的表。

注意：可手动调整行高和列宽。例如，将鼠标指针放在要改变列宽的两列字段名中间，当鼠标指针变为双箭头时，按住鼠标左键不放，并拖动鼠标左、右移动，当调整到所需宽度时，松开鼠标左键，即可调整列宽。

3．隐藏列

在数据表视图中，如果表中字段很多，而有些字段在浏览或修改时可能不需要，则可将这些字段隐藏起来，在需要时再显示出来。

【操作实例 3】通过"物品"表说明隐藏列的方法。

操作步骤：

① 在数据表视图中打开"物品"表。

② 单击字段选择器（即字段标题按钮），选择需要隐藏的字段，按住【Shift】键可连续选择多个字段，如图 4-7 所示。

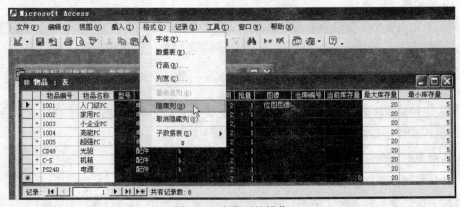

图 4-7　隐藏列的操作

③ 在主窗口菜单栏选择"格式"→"隐藏列"命令，如图 4-7 所示。

④ 执行隐藏列命令后即可看到隐藏列的数据表视图，如图 4-8 所示。

4. 显示隐藏列

【操作实例 4】通过"物品"表说明显示隐藏列的方法。

操作步骤：

① 在数据表视图中打开"物品"表。

② 在主窗口菜单栏上选择"格式"→"取消隐藏列"命令，将打开图 4-9 所示的对话框。

③ 在"取消隐藏列"对话框的"列"列表框中选择要显示的列名称，即在复选框中单击打上"√"标记。

④ 单击"关闭"按钮，打上"√"标记的列会显示在数据表视图中。

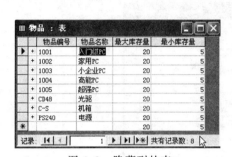

图 4-8　隐藏列的表

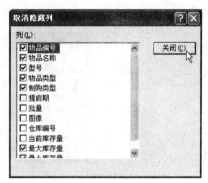

图 4-9　选择要显示的列

5. 冻结列

在数据表视图中，冻结的列字段可以保证在水平滚动窗口时，它们总是可见的。

【操作实例 5】通过"物品"表说明冷冻列的方法。

操作步骤：

① 在数据表视图中打开"物品"表。

② 单击字段选择器，选择要冻结的字段，按住【Shift】键可同时选择多个字段。

③ 在主窗口菜单栏选择"格式"→"冻结列"命令即可完成冻结列的任务。

6. 设置数据表格式

数据表默认的格式为水平方向和垂直方向显示银色网格线，白色背景。通过格式设置，可以改变数据表网格线的颜色与形状、边框的形状、背景色。

【操作实例 6】通过"物品"表说明改变数据表格式的方法。

操作步骤：

① 在数据表视图中打开"物品"表。

② 在主窗口菜单栏选择"格式"→"数据表"命令，打开图 4-10 所示的"设置数据表格式"对话框。

图 4-10　"设置数据表格式"对话框

③ 在对话框中可修改数据表单元格、网格线、背景色、边框与线条的外观。

④ 单击"确定"按钮即可看到新外观的数据表。

7. 改变字体

为了使数据表中的数据显示的更美观、清晰、醒目，可改变数据表中的字体。

【操作实例 7】通过"物品"表说明改变表中数据字体的方法。

操作步骤：

① 在数据表视图下打开"物品"表。

② 在主窗口菜单栏上选择"格式"→"字体"命令，打开图 4-11 所示的"字体"对话框。

③ 在对话框中设置字体、字形、字号、颜色等。

④ 在对话框中单击"确定"按钮，可在数据表视图中看到图 4-12 所示的改变了字体及数据表格式的"物品"表。

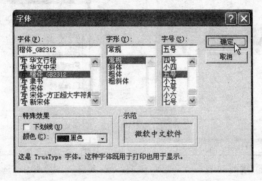

图 4-11　设置数据表"字体"对话框

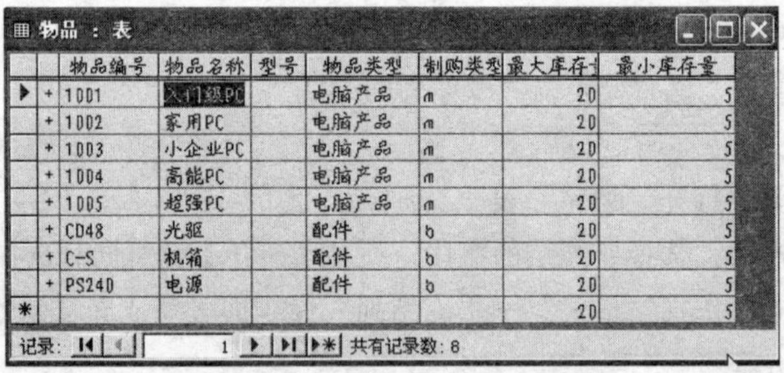

图 4-12　改变字体及格式的数据表

4.2　操　作　表

对数据库中的表，有时需要进行一些必要的操作，例如，查找或替换指定的数据、为表中的数据排序、筛选符合指定条件的记录等。

本节介绍 Access 提供的快速简便操作数据的技巧。

4.2.1　查找数据

如果表中存放的数据很多，当用户想查找某一具体数据时可能非常困难。使用 Access 提供的查找数据的方法，能方便、快速地找到所要的数据。

1．通过定位器查找记录

如果用户知道要查找数据在表中的记录号，可通过定位器查找记录。

【操作实例 8】通过"物品"表说明如何查找 4 号记录。

操作步骤：

① 在数据表视图中打开"物品"表。

② 在记录编号框输入要查找的记录号 4，如图 4-13 所示。

③ 按【Enter】键，光标将定位到 4 号记录上。

通过记录定位器的其他按钮，可以查找第一条、上一条、下一条和最后一条记录。

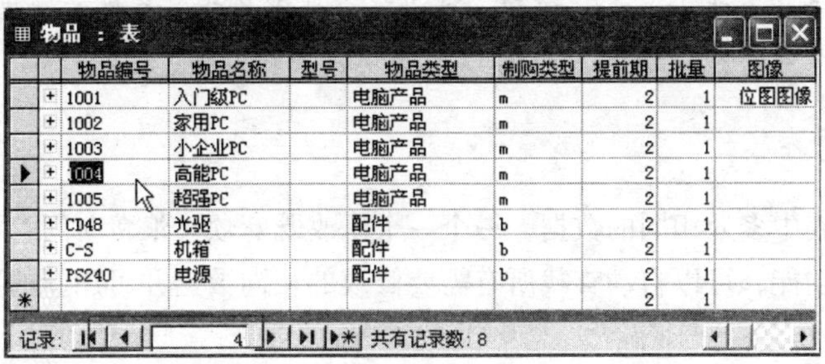

图 4-13　通过定位器查找

2．通过"查找和替换"对话框查找指定数据

如果不知道数据的记录号，可以使用"查找和替换"对话框查找数据。

【操作实例 9】通过"物品"表说明如何查找"物品名称"为"光驱"数据。

操作步骤：

① 在数据表视图中打开"物品"表。

② 在菜单栏选择"编辑"→"查找"命令，打开图 4-14 所示的"查找和替换"对话框。

③ 在"查找内容"组合框中输入要查找的数据"光驱"。

④ 在"查找范围"列表框中选择"物品:表"。

⑤ 在"匹配"列表框中选择"整个字段"。

⑥ 在"搜索"列表框中选择"全部"。

⑦ 单击"查找下一个"按钮将查找指定的数据，找到的数据会高亮显示，如图 4-15 所示。

图 4-14　"查找和替换"对话框

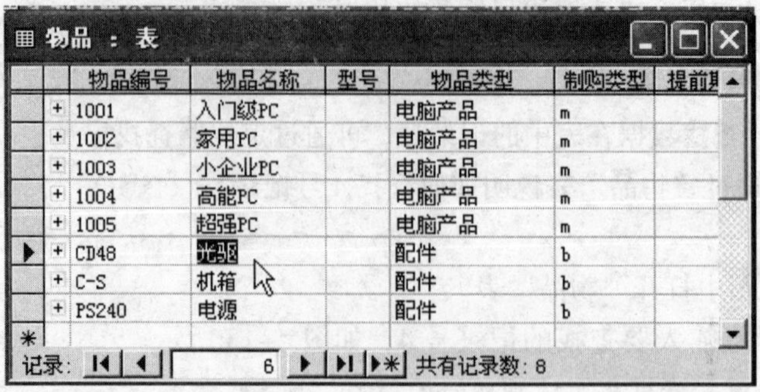

图 4-15 查找到的数据显示

注意： 连续单击"查找下一个"按钮，可以将全部满足指定条件的数据查找出来。

在"查找内容"组合框中输入 Null 可以帮助用户查找空值。

4.2.2 替换数据

如果需要修改表中多处相同的数据，一个一个修改既麻烦又浪费时间，可能还会遗漏。使用 Access 的"替换"功能，可以自动查找所有需要修改的相同数据并可用新的数据替换它们，一个不漏。

【操作实例 10】 通过"物品"表说明如何使用替换功能将"当前库存量"字段中的空数据替换为 8。

操作步骤：

① 在数据表视图中打开"物品"表，单击"当前库存量"字段标题按钮选择该列。

② 在主窗口菜单栏上选择"编辑"→"替换"命令，打开图 4-16 所示的"查找和替换"对话框。

图 4-16 "查找和替换"对话框

③ 在"查找内容"组合框中输入要查找的数据"null"。

④ 在"查找范围"列表框中选择"当前库存量"。

⑤ 在"匹配"列表框中选择"整个字段"。

⑥ 在"搜索"列表框中选择"全部"。

⑦ 单击"全部替换"按钮，这时会出现一个提示框，如图 4-17 所示。它要求用户确认是否要进行这个替换操作，单击"是"按钮，会立即执行替换操作；单击"否"按钮，会取消替换操作。

图 4-17 确认替换操作提示框

4.2.3　记录排序

在向表中输入数据时一般是根据时间顺序进行输入的。但用户在使用表中的数据时，可能希望数据能按一定要求来排列。例如，学生成绩可按分数高低排列，物品可按购买日期排列等。Access 具有不同的"排序"功能，可以快速地重新整理表中的数据，按序排列。

1．排序的规则

排序要有一个按什么排列的规则。Access 是根据当前表中一个或多字段的值对整个表中的记录进行排序的。排序分为升序和降序两种方式。升序按字段值从小到大排列；降序按字段值从大到小排列。由于表中有不同类型的数据，所以排序前要先清楚不同类型数据的值是如何比较大小的。

数字型数据：按数字的大小值排序。

文本型数据：英文字母按字母顺序排序，大小写相同。中文按拼音字母的顺序排序，升序按 a 到 z，降序按 z 到 a。如果文本型数据为数字，则视为字符串，按其 ASCII 码值的大小排序，不是按数字大小排序。

日期和时间型数据：按日期的先后顺序排序，升序从前到后排序，降序从后到前排序。

备注、超链接和 OLE 对象型数据不能排序。

如果字段的值为空值，排序时会排列在第一条。

2．一个字段排序的方法

【操作实例 11】通过"物品"表说明如何按一个字段排序。

操作步骤：

① 在数据表视图打开"物品"表。

② 单击"物品名称"字段标题按钮，选中该列数据。

③ 单击工具栏上的"升序"按钮 ²↓ 即可重新排列表中记录，其结果如图 4-18 所示。

物品编号	物品名称	型号	物品类型	制购类型	提前期
1005	超强PC		电脑产品	m	2
PS240	电源		配件	b	2
1004	高能PC		电脑产品	m	2
CD48	光驱		配件	b	2
C-S	机箱		配件	b	2
1002	家用PC		电脑产品	m	2
1001	入门级PC		电脑产品	m	2
1003	小企业PC		电脑产品	m	2

图 4-18　按"物品名称"升序排列的数据表

3．多个字段排序的方法

Access 不仅可以根据一个字段来排序记录，还可以同时根据多个字段排序记录。按多个字段进行排序时，先根据第一个字段进行排序，当第一个字段有相同值时，再按第二个字段进行排序，依此类推。

【操作实例 12】通过"物品"表说明如何按两个字段排序。

操作步骤：

① 在数据表视图打开"物品"表。

② 按住【Shift】键的同时选择"物品编号"和"物品名称"两个字段（可先使用鼠标拖动字段选择器将两个字段移动到一起，如图 4-19 所示）。

③ 单击工具栏上的"降序"按钮，其重新排列的数据表如图 4-19 所示。

	物品编号	物品名称	型号	物品类型	制购类型	提前期
+	PS240	电源		配件	b	2
+	C-S	机箱		配件	b	2
+	CD48	光驱		配件	b	2
+	1005	超强PC		电脑产品	m	2
+	1004	高能PC		电脑产品	m	2
+	1003	小企业PC		电脑产品	m	2
+	1002	家用PC		电脑产品	m	2
+	1001	入门级PC		电脑产品	m	2
*						2

记录：|◄ ◄ 　1　► ►| ►* 共有记录数：8

图 4-19　按"物品编号"与"物品名称"降序排列的数据表

可见，当"物品编号"值相同时记录按"物品名称"的拼音从 z 到 a 排列。

4.2.4　筛选记录

筛选记录即按指定的条件查找数据记录。Access 的"筛选"功能可以同时根据多个条件查找数据记录。下面以"物品"表为例，介绍三种简单且常用的筛选查找记录方法。

1. 指定内容筛选法

按指定内容筛选即根据单个条件查找记录。

【操作实例 13】通过"物品"表说明使用"指定内容筛选法"筛选出单个条件"物品类型=配件"的记录。

操作步骤：

① 在数据表视图打开"物品"表。

② 在"物品类型"字段中选中"配件"数据。

③ 单击工具栏上的"按指定内容筛选"按钮 即可筛选出所要的记录，如图 4-20 所示。

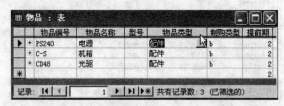

	物品编号	物品名称	型号	物品类型	制购类型	提前期
+	PS240	电源		配件	b	2
+	C-S	机箱		配件	b	2
+	CD48	光驱		配件	b	2
*						2

记录：|◄ ◄ 　1　► ►| ►* 共有记录数：3（已筛选的）

图 4-20　按指定内容筛选出的记录

单击"取消筛选"按钮 ，可恢复整个数据表记录。

2. 窗体筛选法

窗体筛选法可以同时根据两个以上的条件筛选记录。

【操作实例 14】通过"物品"表说明使用"窗体筛选法"筛选出满足两个条件"物品类型=电脑产品"、"当前库存量=9"的记录。

操作步骤：

① 在数据表视图中打开"物品"数据表。

② 在工具栏单击"按窗体筛选"按钮 ，打开"按窗体筛选"窗口，如图 4-21 所示。

图 4-21 "按窗体筛选"窗口

③ 将光标移到"物品类型"字段单元格，然后单击其右边的下拉按钮，从中选择"电脑产品"，如图 4-22 所示。

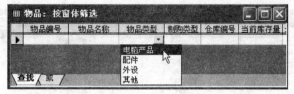

图 4-22 输入第一个条件

④ 将光标移到"当前库存量"字段单元格，然后单击右边的下拉按钮，从中选择 9，如图 4-23 所示。

图 4-23 输入第二个条件

⑤ 单击"应用筛选"按钮 ，可看到按两个条件筛选出的记录，如图 4-24 所示。

图 4-24 按窗体筛选的记录

3. 目标筛选法

目标筛选法是根据指定的"筛选目标"（可以是指定值或表达式条件）筛选记录的方法。

【操作实例 15】通过"物品"表说明使用"目标筛选法"筛选出 2009 年前购买的物品的记录。

操作步骤：

① 在数据表视图中打开"物品"数据表。

② 在"购买日期"字段列的任一位置右击，在弹出的快捷菜单的"筛选目标"文本框中输入"<2009-01-01"，如图 4-25 所示。

图 4-25 输入筛选目标

③ 按【Enter】键即可看到筛选出的记录，如图 4-26 所示。

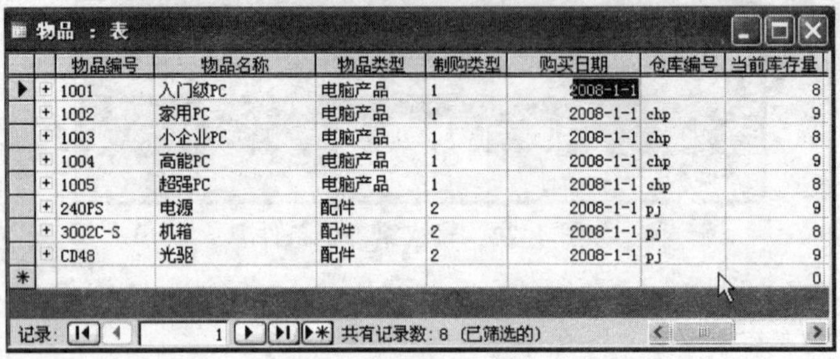

图 4-26 显示筛选的记录

小结与提高

1. 维护表

本章介绍了维护表的基本操作。

维护表是指维护表结构和表内容两个方面。表结构维护包括添加字段、删除字段、修改字段名称与字段属性等操作。表内容维护包括添加记录、删除记录、修改数据、复制字段中的数据等操作。

维护表还包括美化表的外观，目的是使表看上去更清楚、更漂亮，使用表时更方便。通过对本章的学习要掌握调整数据表的行高、列宽，隐藏列，显示列，设置数据表格式（改变字体、网格线、边框、线条、背景色等）的种种操作。

2. 操作表

操作表是指在表中查找数据、替换数据、排序数据、筛选数据。

（1）查找数据的方法

在表中要查找数据，可以使用"记录定位器"和"查找和替换"对话框两种方法。它们可以帮助你快速地查找到表中包含要查找的数据的记录。

（2）替换数据的方法

如果要对表中许多相同的数据进行替换处理，可以使用"查找和替换"对话框，它首先查找要替换的数据，然后再替换数据，可以保证不出现替换错误，并可以在列范围和整个表范围中进行替换。

（3）排序数据的方法

如果希望将表中的数据按某个规则进行排序显示，可以使用 Access 的"排序"功能。

排序数据首先要清楚排序的规则，即按什么进行排序，如何比较大小。Access 中排序的规则是按字段数据类型的值的大小进行排序，数字型数据按数字的大小值排序。文本型数据中英文字母按字母顺序排序，大小写相同；中文按拼音字母的顺序排序。升序按 a 到 z，降序按 z 到 a。如果文本型数据为数字，则视为字符串，按其 ASCII 码值的大小排序，不是按数字大小排序。日期和时间型数据按日期的先后顺序排序，升序从前到后排序，降序从后到前排序。备注、超链接和OLE 对象型数据不能比较大小，所以不能排序。

排序分为两种方式：升序与降序。升序按字段值从小到大排列；降序按字段值从大到小排列。

排序可通过一个字段进行排序，也可以通过多个字段进行排序。

（4）筛选数据的方法

如果要从表中筛选出需要的数据，可使用 Access 的"筛选"功能，它可以按多个条件"筛选"出所要的数据记录。

本章介绍了三种简单且常用的筛选记录方法，即按单个条件筛选记录的"指定内容筛选法"，按两个以上条件筛选记录的"窗体筛选法"，先指定筛选目标再筛选记录的"目标筛选法"。

思考与练习

一、问答题

1. 为什么要维护表？
2. 对数据库表可进行哪些操作？
3. 维护表结构的操作有哪些？维护表内容的操作有哪些？
4. 在数据表中查找数据的方法有哪些？
5. 什么情况下需要修改表结构？修改表结构时需要注意什么问题？
6. 什么是排序？排序有哪些规则？有哪些排序方式？
7. 筛选的含义是什么？筛选有几种方法？各有什么特点？

二、上机操作

1. 打开"汇科电脑公司数据库"中的"物品"表，在数据表视图中设置数据表的背景颜色为蓝色，网格线为虚线，字体为黑体。
2. 修改"汇科电脑公司数据库"数据库中表的结构或字段属性。
3. 在"物品"表按名称查找数据。
4. 在"物品"表中将"制购类型"字段对应电脑产品单元格中的值替换为"生产装配"或1，对应配件和外设产品单元格中的值替换为"购买"或2。
5. 在"物品"表中按不同字段进行排序练习。
6. 在"物品"表中筛选出电脑产品的记录。

第 **5** 章 | 在 Access 中创建查询

学习目标

☑ 了解查询对象的作用

☑ 知道查询对象的类型

☑ 知道查询的准则

☑ 能够使用设计器创建查询对象

☑ 能够使用查询向导创建查询

☑ 能够在查询中进行计算

5.1 认识查询对象

本节的内容是了解什么是查询对象，查询对象有什么作用。

5.1.1 查询对象的作用

第 4 章在数据库中创建了表并在表中存放了数据，就像在盖好的图书馆中在书架上分门别类摆好了图书。

准备好图书，只是图书馆的基础工作。管理图书资源即如何将这些图书借阅给读者，让更多的读者看到图书，使图书发挥最大的作用才是图书馆的主要工作。同样，建立数据库、在库中创建表、向表中输入数据、维护表是数据库的基础工作，更重要的工作是管理、加工数据，让数据资源发挥最大的作用，成为人们需要的信息、创造企业财富的依据。

设计数据库时，为了节省存储空间，为了数据不冲突，要将数据按主题（实体）分类，并分别存放在不同的表里，通过表关系可将关联表连接起来，如何从数据库的多个表中提取需要的数据呢？

尽管在数据库中可以进行一些管理数据的操作，例如浏览、查找、排序、替换、筛选和更新，但没有加工数据的功能，如何通过现有数据生成新数据呢？

查询对象正是解决这两个问题的工具。查询对象就是用来对表中数据进行加工并输出信息的数据库对象，它以一个或多个表及查询对象为基础，重组并加工这些表或查询中的数据，提供一个新的数据集合，如图 5-1 所示。

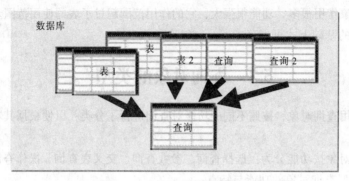

图 5-1　查询的数据来源与显示

5.1.2　查询对象的功能

1．选择字段

查询对象可以从多个连接的表中提取出需要的字段,它将分散在不同表中的字段集中在一起,为这些字段提供一个动态的数据表。

动态数据表的含义:它不是一个真正存在的数据表,只是在使用查询对象时才存在。就像剧院的演出,上演某个节目时会有相关演员在舞台上表演,其中的演员可以来自不同的单位,节目结束时演员将回到自己的单位,如图5-2所示。查询对象在运行时从提供数据的表或查询(不同的单位)中提取字段(演员),并在数据表视图(舞台)中将它们显示出来,查询对象只是一个数据表的结构框架(节目单上的演员表),查询中的数据会随着相关表中数据的更新而更新。这样不仅共享了数据资源,还节省存储空间。

图 5-2　演员与舞台

2．选择记录

查询对象不仅可以从相关表中选择字段,还可以根据条件查找指定的记录。例如,可以只是查询姓名为"李平"的记录数据。

3．编辑记录

查询对象可以一次编辑表中的多个记录,即可以添加、删除和修改表中的多条记录。

4．生成新数据

查询可以根据查询到的字段进行计算生成新的数据、创建新的表。例如,通过表中的"采购价格"字段,在查询中计算生成"销售价"字段(销售价＝1.1×采购价格),还可以将查询对象保存为一个表对象,即生成一个表对象。

5．为创建其他对象打基础

查询对象具有表的功能,可以成为创建窗体、报表、页对象的基础。

所以，查询对象作用很多，功能很强大，它的作用范围超过了表的使用范围。但查询不能离开表，它必须在表的基础上才可生存。

5.2 查询对象的类型

为了更好地使用查询对象，按照不同的功能对查询进行了分类，以便根据其功能特点来创建和使用它们。

Access 将查询对象按功能分为：选择查询、参数查询、交叉表查询、操作查询和 SQL 查询。本节将介绍不同类型查询对象的功能与特点。

1. 选择查询

选择查询是最常用的一种查询，它可以指定查询准则，从一个或多个表中选择满足要求的数据，可提供分组、总计、计数、求平均等计算数据，并将这些数据显示在数据表视图中，图 5-3 所示的查询数据来自“物品”、“供应商”、“供应商与物品”表。

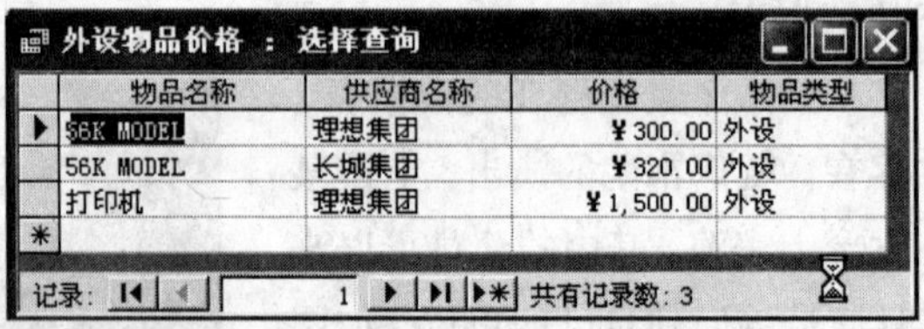
外设物品价格 ：选择查询

物品名称	供应商名称	价格	物品类型
56K MODEL	理想集团	￥300.00	外设
56K MODEL	长城集团	￥320.00	外设
打印机	理想集团	￥1,500.00	外设

记录: 1 共有记录数: 3

图 5-3 “外设物品价格”查询对象

在数据表视图中，可对查询数据进行排序、查找与替换、更新等操作。

选择查询用得最多，因为它可以提供来自多个表中的数据和加工的数据。

2. 参数查询

参数查询是一种利用对话框提示用户输入查询要求的选择查询。它不仅具有选择查询的功能，还能随时按用户输入的要求查询数据。根据用户输入的不同要求，会出现不同的查询结果。

3. 交叉表查询

交叉表查询是对表或查询的行和列数据进行统计输出的一种查询。交叉表查询的数据来源于一个表或查询，在数据表视图中可显示两个分组字段，分组字段名来自表字段的值，例如，“课程名称”的值“Java 语言、管理信息系统、数据库”等，作为显示数据的字段标题，一般显示在数据表上部。另外一组分组字段可来自“班级”字段的值“信管 0401”、“信管 0402”等，是统计数据的依据，一般列在数据表的左侧。在数据表行和列交叉点显示对应字段的统计值，可以是平均成绩、总成绩、最高分、最低分等，如图 5-4 所示。

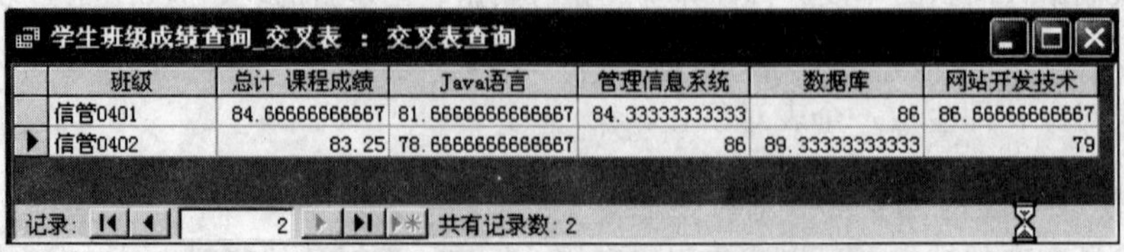
学生班级成绩查询_交叉表 ：交叉表查询

班级	总计 课程成绩	Java语言	管理信息系统	数据库	网站开发技术
信管0401	84.66666666667	81.6666666666667	84.3333333333	86	86.66666666667
信管0402	83.25	78.6666666666667	86	89.3333333333	79

记录: 2 共有记录数: 2

图 5-4 交叉表查询提供的不同班级课程的平均成绩

4．操作查询

操作查询对象可以通过运行查询对数据库中的表进行数据操作。操作查询有四种：

① 生成表查询，运行查询可生成一个新表。

② 删除记录查询，运行查询将删除表中一条或多条记录。

③ 更新记录查询，运行查询可更新表中一条或多条记录。

④ 追加查询，运行查询可在表的尾部追加一组新记录。

5．SQL 查询

SQL 查询是使用 SQL 语句来创建查询，需要用户了解 SQL 语言，它更灵活、功能更强大。使用 SQL 查询可以创建以上类型的查询。

6．其他类型的查询

按照查询中检索的表的个数可将查询分为：单表查询和多表查询。

按照查询的复杂程度可将查询分为：简单查询和高级查询。简单查询主要包括选择查询；高级查询包括参数查询、交叉表查询、操作查询等。

5.3　查询的准则

查询对象的主要工作是查出需要的数据。怎么才能让数据库帮助查找或计算出需要的数据呢？这需要制定一个让数据库懂得的描述用户查询要求的规则，我们将它称为查询准则。查询准则由数据库定义的运算符、常数值、字段变量、函数组成的条件表达式来描述，表达用户的查询要求。查询准则一般分为两种：简单准则和复杂准则。

本节介绍查询的基本准则。

5.3.1　简单准则

简单准则通过关系运算符、字段变量与常数值组成的关系表达来描述，一般描述用户的一个查询条件。例如，查询 90 分以上学生记录的查询准则可以写成"课程成绩>90"。

关系运算符的符号及含义如表 5-1 所示。

表 5-1　关系运算符的符号及含义

关系运算符	含　　义	例　　子
=	等于	职称="教授"，可查询"职称"字段是"教授"的记录
<>	不等于	政治面貌<>"党员"，可查询不是"党员"的记录
<	小于	课程成绩<70
<=	小于等于	课程成绩<=70
>	大于	课程成绩>70
>=	大于等于	工作日期>=#92-01-01#，查询92年以后参加工作的记录

注意：文本值要使用半角的双引号""括起来；日期值要使用半角的#号括起来。

5.3.2 复杂准则

要描述用户的多个查询条件需要使用复杂准则。复杂准则是使用特殊运算符、逻辑运算符、函数以及它们的组合（包括关系运算符）连接常数、字段变量组成的条件表达式。例如，查询 1990 年 4 月参加工作的男老师的记录，复杂准则的条件表达式为：

`Year([参加工作时间])=1999 and month([参加工作时间])=4 and [性别]="男"`

表 5-2、表 5-3、表 5-4 列出了特殊运算符、逻辑运算符、常用的时间函数及含义。

表 5-2 特殊运算符的符号及含义

特殊运算符	含　义	例　子
In(字段值列表)	按列表中的值查找	In("李明","王平","张海")，查询这三人的记录
Between 初值 And 值	指定一个字段值的范围	Between #92-01-01# and #92-12-31#，查询 92 年一年的记录
Like "文本字段的字符"	指定查找文本的字符模式	like "张*"，查询所有姓"张"的记录

注意：字符模式中? 匹配一个字符；* 匹配零个或多个字符；# 匹配一个数字；方括号[ ]可匹配一个字符范围。

表 5-3 逻辑运算符的符号及含义

逻辑运算符	含　义	例　子
Not	Not 连接的表达式为真时，整个表达式为假	姓名 Not "李元"，查询不是李元的人的记录
And	And 连接的表达式都为真时，整个表达式为真	[课程成绩]>80 And <90，查询课程成绩在 80 与 90 的记录
Or	Or 连接的表达式有一个为真时，整个表达式为真，否则为假	[课程成绩]>=70 Or 姓名="李元"，查询课程成绩大于等于 70 或李元的记录

表 5-4 时间函数名及含义

函　数	含　义	例　子
Day(Date)	返回给定日期数据中 1～31 的值，表示哪天	DAY(#2006-01-01#)，结果为 1
Month(Date)	返回给定日期数据中 1～12 的值，表示哪月	DAY(#2006-11-01#)，结果为 11
Year(Date)	返回给定日期数据中 100～9 999 的值，表示哪年	Year([参加工作时间])=1992，查询 1992 年参加工作的记录
Weekday(Date)	返回给定日期数据中 1～7 的值，表示星期几	
Hour(Date)	返回给定日期数据中小时 0～23 的值	
Date()	返回当前日期	[日期]<Date()-15，查询 15 天前记录

注意：条件表达式中表的字段名称，最好使用[ ]括起来，例如[日期]。

5.4 创建查询对象

上面的知识为创建查询打下了基础，现在可以亲自动手创建查询对象了。怎样才能多快好省地创建出查询对象呢？

本节的内容就是介绍如何使用 Access 提供的查询向导和查询设计器工具，多快好省地创建不同类型的查询对象。

5.4.1　使用设计器创建查询对象

使用设计器工具，即在查询设计视图下创建查询的方式，可以帮助读者进一步理解数据库中表之间的关系，看到查询字段之间是如何联系的，它们对建立一个优秀的数据库非常有帮助。

1. 通过多个表创建选择查询

【操作实例 1】创建"外设物品价格"查询。创建这个查询是为了了解外设的价格等信息。包括"外设名称"、"供应商名称"、"价格"、"物品类型"字段，这些字段分别来自"物品"、"供应商"、"供应商与物品"三个表。

操作步骤：

① 在 Access 中打开"汇科电脑公司数据库"数据库。

② 打开查询设计器。

在"汇科电脑公司数据库"数据库窗口选择"对象"栏中的"查询"对象，并在创建方法列表中双击"在设计视图中创建查询"创建方法，如图 5-5 所示，可打开查询设计器。

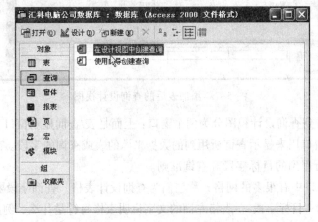

图 5-5　打开查询设计器

③ 选择查询数据的来源表。

在查询设计视图上打开了默认的"查询 1"对象，同时打开了"显示表"对话框，如图 5-6 所示。在"显示表"对话框中选择"表"选项卡，可看到其中列出了当前数据库中所有的表；"查询"选项卡会列出当前数据库中所有的查询；"两者都有"选项卡会列出当前数据库中所有的表和查询。它们都能为查询提供原始数据。

单击所需要的表，例如"供应商"，然后单击对话框中的"添加"按钮，这个表的字段列表会出现在设计视图中。同样将"物品"和"供应商与物品"表都添加到查询设计视图中。然后单击对话框上的"关闭"按钮，结束添加表的工作，添加表后的查询设计视图如图 5-7 所示。如果需要添加新表，可在设计视图中右击，在弹出的快捷菜单中选择"显示表"命令，可随时打开"显示表"对话框。

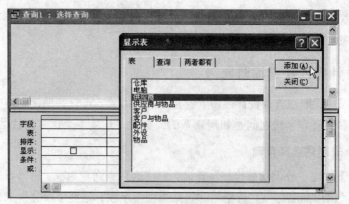

图 5-6　从"显示表"对话框中添加表

图 5-7　添加表后的查询设计视图

从图 5-7 可以看到查询设计视图分为两个窗口：上面是表/查询显示窗口，下面是查询设计器窗口。表/查询显示窗口用来显示查询所用到的数据来源的表或查询的字段。查询设计器窗口用来显示和定义查询中所用到的目标字段和查询准则。

在查询设计器窗口中有很多的网格，称它们为查询设计表格，查询字段要放在该表格里，查询对象中的字段称为"目标字段"。表格左面的文字说明表格每行是什么，例如"字段"表示这行为查询中出现的字段。"表"说明同列字段的来源表。

从图 5-7 还可以发现 Access 主窗口中菜单栏、工具栏发生了变化，菜单栏添加了"查询"菜单命令，它还包含一些查询操作专用的子菜单，如图 5-8 所示。在工具栏上，也新增加了一些按钮。在 Access 数据库窗口中选择不同的对象后，菜单栏都会发生一些变化，出现不同的菜单命令，以便在使用这种对象时能更加方便，操作更加快捷。

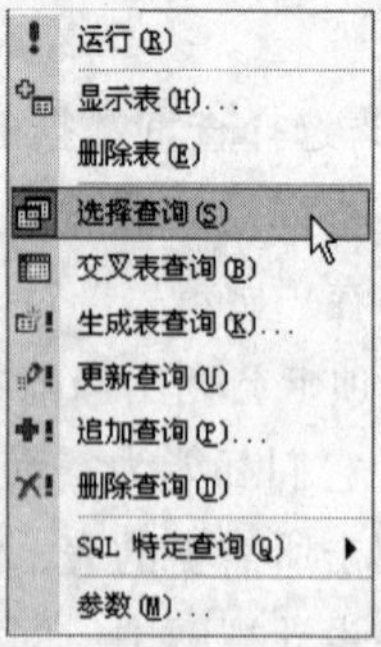

④　为查询添加目标字段。

从"物品"字段列表中拖动"物品名称"字段到表格中字

图 5-8　"查询"菜单的子菜单

段行的第一个空白单元格，即可为查询添加一个"物品名称"目标字段。用类似的方式可向查询设计表格里添加目标字段"供应商名称"、"价格"、"物品类型"，并在"物品类型"目标字段的"条件"行对应单元格输入"外设"，结果如图 5-9 所示。

　　如果要删除多余的目标字段，可单击该目标字段列，然后按【Delete】键。

　　⑤ 保存查询对象。

　　单击工具栏上的"保存"按钮，在弹出的"另存为"对话框中将默认的查询名"查询 1"修改为"外设物品价格"，如图 5-10 所示，然后单击"确定"按钮，即可完成在数据库中创建查询对象"外设物品价格"的任务。

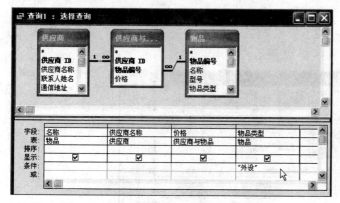

图 5-9　向查询设计表格添加"目标字段"

图 5-10　保存查询对话框

2．预览查询对象

　　在工具栏单击"运行"按钮，可在数据表视图中看到"外设物品价格"查询对象查询的数据，如图 5-11 所示。

物品编号	物品名称	物品类型	制购类型
1001	入门级PC	电脑产品	1
1002	家用PC	电脑产品	1
1003	小企业PC	电脑产品	1
1004	高能PC	电脑产品	1
1005	超强PC	电脑产品	1
240PS	电源	配件	2
3001M	56K MODEL	外设	2
3002C-S	机箱	配件	2
3003P	打印机	外设	2
3004S	扫描仪	外设	2
A1212U	Agfa Scanner	外设	2

物品基本信息 ：选择查询

记录：1　共有记录数：63

图 5-11　查询对象查找到的数据

3．在选择查询中使用准则

　　在选择查询中还可以创建用户要求更复杂的查询。

　　【操作实例 2】创建一个查找"物品类型"为"电脑产品"，"销售价格"在 6 000 元以上客户的记录的查询对象。

　　操作步骤：

　　（1）打开查询设计器

　　在数据库窗口选择"对象"栏下的"查询"对象，并在创建方法列表中双击"在设计视图中创建查询"创建方法。

（2）选择查询数据来源

选择"显示表"的"表"选项卡，添加"物品"、"客户"、"客户与物品"表。

（3）添加目标字段

向查询设计表格中添加目标字段"名称"、"客户名称"、"销售价格"、"物品类型"，如图 5-12 所示。

（4）添加条件准则

在查询设计表格的"销售价格"字段下的"条件"单元格中输入">6000"，"物品类型"的"条件"单元格中输入"电脑产品"，如图 5-12 所示。

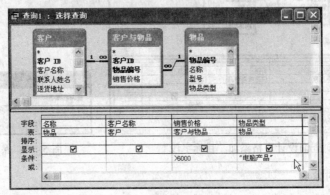

图 5-12　添加条件准则

（5）保存查询对象

将以上查询对象保存为"销售价格在 6000 以上的电脑产品"。运行该查询，结果如图 5-13 所示。

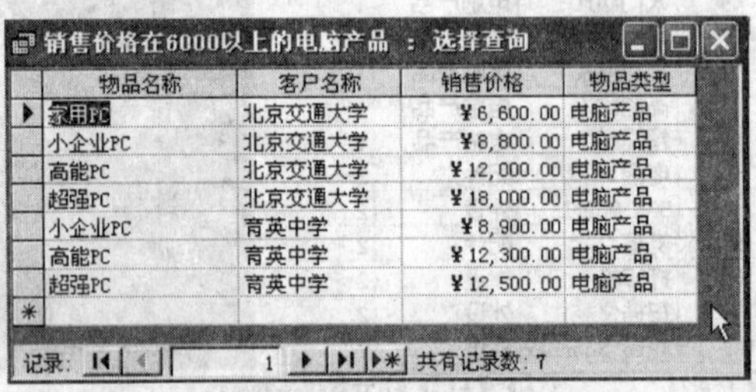

图 5-13　运行查询的结果

4．创建参数查询

参数查询是在选择查询的基础上增加了人机交互的功能，运行参数查询对象时，用户可以根据提示输入参数，查询对象能根据用户输入的参数自动修改查询准则，为不同用户查找不同数据。

【操作实例 3】创建一个可以根据用户输入的不同电脑物品名称查询电脑不同销售价格的参数查询对象。

操作步骤：

（1）打开查询对象

在"汇科电脑公司数据库"数据库窗口选择"对象"栏下的"查询"对象，并在查询对象列表中选中"销售价格在 6000 以上的电脑产品"查询对象，单击工具栏上的"设计"按钮，可在设计视图中打开该查询。

（2）将查询另存为一个新查询

在主窗口菜单栏上选择"文件"→"另存为"命令，在出现的"另存为"对话框中输入"按电脑名称查询其销售价格"，如图 5-14 所示。单击"确定"按钮，即通过"销售价格在 6000 以上的电脑产品"查询创建出一个新查询"按电脑名称查询其销售价格"。

图 5-14　查询"另存为"对话框

（3）确定参数字段及输入参数的提示文字

因为"名称"字段为参数，要在其下"条件"行的单元格中输入带方括号的提示文字，在查询运行时会在"输入参数值"对话框中看到该文字。

在查询表格"名称"字段下的"条件"单元格中输入"[请输入电脑名称：]"，如图 5-15 所示。

字段:	名称		客户名称	销售价格	物品类型	
表:	物品		客户	客户与物品	物品	
排序:						
显示:	☑		☑	☑	☑	
条件:	[请输入电脑名称：]			>6000	"电脑产品"	
或:						

图 5-15　确定参数字段

如果要定义多个参数，可在相应字段的"条件"单元格中输入带方括号的提示文字。

（4）保存并运行查询

单击"保存"按钮🖫，保存以上查询设计的结果，在工具栏单击"运行"按钮❗或在菜单栏选择"视图"→"数据表视图"命令，会出现图 5-16 所示的"输入参数值"对话框，输入"高能 PC"，然后单击"确定"按钮，可看到参数查询"按电脑名称查询其销售价格"查出的"高能 PC"的记录，如图 5-17 所示。如果输入其他电脑名称，会看到不同结果。

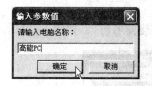

图 5-16　"输入参数值"对话框

	物品名称	客户名称	销售价格	物品类型
▶	高能PC	北京交通大学	￥12,000.00	电脑产品
	高能PC	育英中学	￥12,300.00	电脑产品
*				

记录 ⏮ ◀ 　1 　▶ ⏭ ⏯ 共有记录数: 2

图 5-17　参数查询"按电脑名称查询其销售价格"

5.4.2　使用向导创建查询对象

使用查询向导创建查询与使用其他向导创建对象类似，需要三个步骤：启动向导，回答向导提问，自动创建对象。

【操作实例 4】使用查询向导创建一个交叉表查询，该交叉表查询用来检索每位供应商提供的外设产品价格，交叉表上使用"供应商名称"字段值作为行标题、"名称"字段值作为列标题，交叉位置显示该供应商提供的外设的价格。

操作步骤：

（1）启动查询向导

① 打开"汇科电脑公司数据库"数据库。

② 单击数据库窗口工具栏上的"新建"按钮，打开"新建查询"对话框。

③ 选中"交叉表查询向导"选项，单击"确定"按钮，即可启动交叉表查询向导，如图 5-18 所示。

（2）回答向导提问

在下面出现的"交叉表查询向导"对话框中，将连续提出几个问题：

① 回答含有交叉表的表或查询的名称。

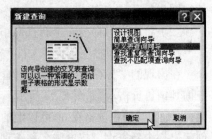

图 5-18 启动"交叉表查询向导"

在图 5-19 所示对话框的"视图"栏中选择"查询"单选按钮，在查询列表框中选择"外设物品价格"查询。

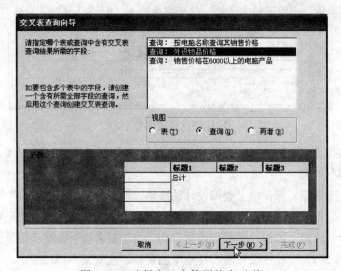

图 5-19 选择交叉表使用的表/查询

② 回答交叉表中哪个字段的值作为行标题，这里选择"供应商名称"，如图 5-20 所示。

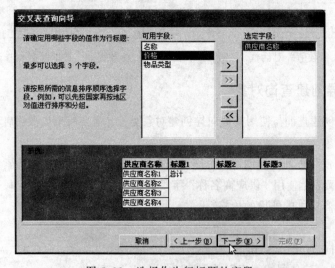

图 5-20 选择作为行标题的字段

③ 回答交叉表中哪个字段的值作为列标题，这里选择"名称"，如图 5-21 所示。

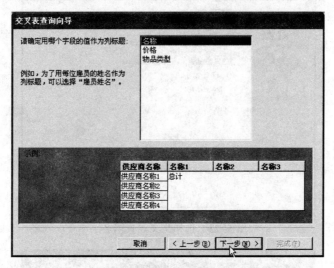

图 5-21　选择作为列标题的字段

④ 回答交叉表中交叉点计算什么数值，这里先取消选择"是，包括各行小计"复选框，然后选择"价格"字段，在"函数"列表中选择"求和"函数，如图 5-22 所示。

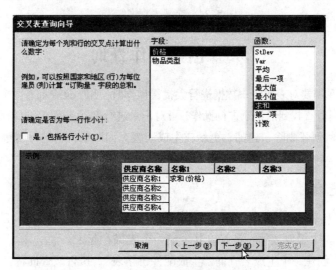

图 5-22　选择作为列标题的字段

⑤ 回答新建查询的名字，这里选择"外设物品价格_交叉表"，然后单击"完成"按钮，如图 5-23 所示，就回答了向导的所有提问。

（3）自动创建交叉表查询

向导得到所需的所有信息后，会自动创建出交叉表查询，其结果如图 5-24 所示。

注意： 交叉表查询的数据源只能来自于一个表或查询，如果数据来自于多个表和查询可先创建一个来自多表的查询，然后再根据这个查询创建交叉表查询。

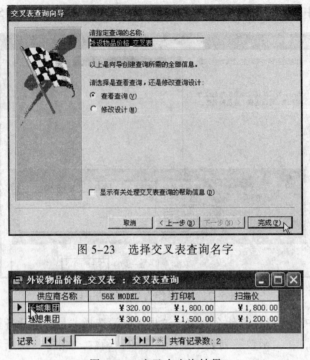

图 5-23　选择交叉表查询名字

图 5-24　交叉表查询结果

5.5　创建操作查询

操作查询一般在需要对表对象中数据进行大批量操作时使用。该查询有两个功能：一是检索满足条件的记录，二是对查找到的记录进行操作，可对记录进行删除、追加、更新或生成新表等操作。

本节将介绍如何创建删除、追加、更新或生成新表查询对象自动进行删除、追加、更新或生成新表等操作。

5.5.1　生成表查询

在 Access 中，从表中访问数据要比从查询中访问数据快得多，因为查询还要访问表。因此，如果经常要从几个表中提取数据，最好将其生成一个表保存起来。

【操作实例 5】创建一个生成表查询"生成配件价格表"，执行该查询将自动生成一个"配件价格"表，其字段为"名称"、"供应商名称"、"价格"、"物品类型"，来自"供应商"、"物品"、"供应商与物品"三个表，并定义物品类型为"配件"。

操作步骤：

（1）打开查询设计视图

在"汇科电脑公司数据库"数据库窗口的"对象"栏中选择"查询"对象，双击"使用设计视图创建查询"创建方法，打开查询设计视图。

（2）选择查询字段

在"显示表"对话框中将"供应商"、"物品"、"供应商与物品"三个表添加到设计视图中，并从中选择"名称"、"供应商名称"、"价格"、"物品类型"字段到查询设计表格，如图 5-25 所示。

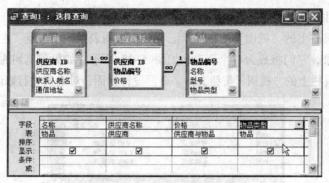

图 5-25　定义查询中的目标字段

（3）输入查询准则

在"物品类型"字段的"条件"行单元格中输入"='配件'"。

（4）将查询定义为"生成表查询"类型

单击主窗口工具栏"查询类型"按钮■·，在其下拉菜单中选择"生成表查询"命令，如图 5-26 所示。

在出现的"生成表"对话框中输入新表名称"配件价格"，如图 5-27 所示，单击"确定"按钮，可看到"查询 1：生成表查询"对话框，表明该查询为生成表查询类型。

保存"查询 1"为"生成配件价格表"。

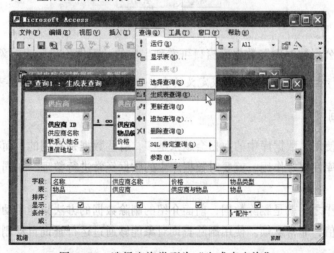

图 5-26　选择查询类型为"生成表查询"

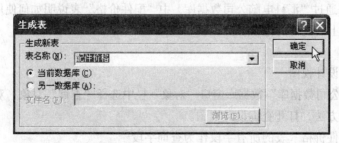

图 5-27　"生成表"对话框

（5）预览将要生成的表

单击主窗口工具栏上的"视图"按钮，能够在数据表视图下预览"生成配件价格表"查询检索到的一组记录，它们将成为一个新表，如图 5-28 所示。如果预览到的一组记录不是要生成的表，可单击工具栏上的"视图"按钮，返回设计视图，对查询进行修改，直到满意为止。

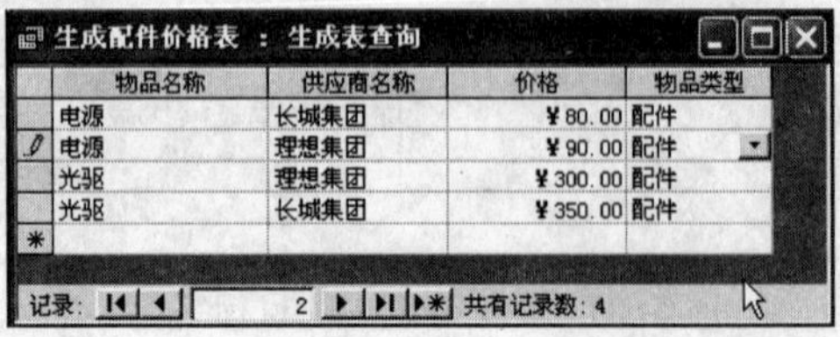

图 5-28　预览生成表查询检索的记录

（6）运行查询自动生成新表

单击主窗口工具栏上的"运行"按钮，将打开一个提示框，如图 5-29 所示。单击"是"按钮，即可生成新表"配件价格"。

图 5-29　生成新表提示框

在"汇科电脑公司数据库"数据库窗口可看到生成的"配件价格"表对象。

注意： 以后运行生成表查询都会生成定义的表，如果定义的表已经存在，可以覆盖过去的表。

5.5.2　删除查询

随着数据库的使用，数据库中的数据会越来越多，有些数据是有用的，而有些数据可能是不需要的。要使数据库发挥好作用，就要对数据库中的数据经常进行整理，如同图书馆要对图书进行整理一样。

整理数据的操作之一就是删除数据，前面介绍的删除数据的方法只能手动删除表中某一个记录或单个字段的数值，非常麻烦。使用删除查询对象能够通过运行查询自动删除一组满足相同条件的记录。

【操作实例 6】通过"汇科电脑公司数据库"中"配件价格"表说明如何使用"删除查询"删除价格在 300 元以上的配件的记录。

操作步骤：

（1）打开查询设计视图

在"汇科电脑公司数据库"数据库窗口"对象"栏中选择"查询"对象，双击"使用设计视图创建查询"创建方法，打开查询设计视图。

（2）选择"配件价格"表的所有字段作为查询字段

从"显示表"对话框中选择"配件价格"表添加到查询设计视图中，然后单击"配件价格"

字段列表中的"*"号,并将其拖到查询设计表格中"字段"行的第 1 列上,这时第 1 列上显示"配件价格.*",它表示已将该表中的所有字段都放在查询设计表格了,如图 5-30 所示。

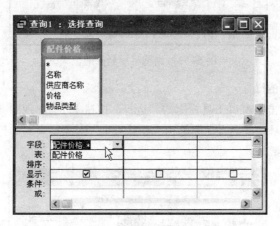

图 5-30 选择表中所有字段

(3)选择查询类型为"删除查询"

单击主窗口工具栏"查询类型"按钮 ,在其下拉菜单中选择"删除查询"命令,这时查询设计表格中会添加一个"删除"行,From 表示从何处删除记录,如图 5-31 所示。

图 5-31 查询设计表格中添加的"删除"行

(4)输入删除准则

双击"配件价格"字段列表中的"价格"字段,该字段会出现在查询设计表格的第 2 列,同时,在该字段的"删除"单元格中出现 Where,它表示要删除哪里的记录,在第 2 列"条件"行单元格中输入准则">300",如图 5-32 所示。

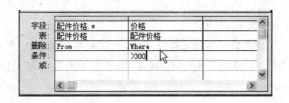

图 5-32 输入删除准则

(5)预览"删除查询"

单击主窗口工具栏上的"视图" 按钮,能够在数据表视图下预览"删除查询"检索到的一组记录,它们是将从"配件价格"表中删除的记录,如图 5-33 所示。如果预览到的一组记录不是要删除的,可以再次单击工具栏"视图"按钮 ,返回查询设计视图,对查询进行修改,直到满意为止。

图 5-33　浏览将要删除的记录

（6）执行删除记录的操作

在设计视图下，单击主窗口工具栏上的"运行"按钮 ，会出现图 5-34 所示删除记录提示框，单击"是"按钮，Access 会自动删除由"删除查询"对象检索到的记录。保存该查询为"删除查询"。

图 5-34　删除记录提示框

5.5.3　更新查询

更新查询可以对表中一批记录同时进行更新操作。

【操作实例 7】通过"汇科电脑公司数据库"中"配件价格"表说明如何使用更新查询将电源价格涨 10 元。

操作步骤：

（1）打开查询设计视图

在"汇科电脑公司数据库"数据库窗口"对象"栏中选择"查询"对象，双击"使用设计视图创建查询"创建方法，打开查询设计视图。

（2）选择查询字段

从"显示表"对话框中将"配件价格"表添加到查询设计视图中，拖动"配件价格"字段列表中的"价格"、"名称"字段到查询设计表格中"字段"行的第 1、2 列。

（3）选择查询类型为"更新查询"

单击工具栏上的"查询类型"按钮 ，在其下拉菜单中选择"更新查询"命令，这时查询设计表格中会添加一个"更新到"行，在第 1 列"更新到"行单元格输入"[价格]+10"，如图 5-35 所示。

图 5-35　查询设计表格中添加的"更新到"行

（4）输入查询准则

在第 2 列"条件"行单元格输入"电源"，如图 5-35 所示。

（5）预览"更新查询"检索的数据

单击主窗口工具栏上的"视图"按钮 ，能够在数据表视图下预览"更新查询"检索到的一组数据，它们是将被更新的记录，如图 5-36 所示。

（6）执行更新数据的操作

单击工具栏上的"视图"按钮 返回设计视图，单击工具栏上的"运行"按钮，会出现如图 5-37 所示更新记录提示框，单击"是"按钮，Access 会自动更新查询检索到的记录。

图 5-36　"更新查询"检索的数据　　　　图 5-37　更新记录提示框

（7）保存更新查询

将设计的更新查询保存为"给电源配件涨 10 元的更新查询"，以备将来继续给电源涨价时使用。

5.5.4　追加查询

如果希望将某个表中符合一定条件的记录添加到另一个表中，可使用追加查询。

【操作实例 8】 在"汇科电脑公司数据库"中使用追加查询将"外设"表（从 Excel 表中导入的表）的记录添加到"物品"表中。

操作步骤：

（1）打开查询设计视图

在"汇科电脑公司数据库"数据库窗口打开查询设计视图。

（2）选择查询字段

从"显示表"对话框中添加"外设"表到查询设计视图中，拖动"外设"字段列表中的"外设物品代码"字段到查询设计表格中"字段"行的第 1 列，拖动"名称"字段到查询设计表格中"字段"行的第 2 列。

（3）选择查询类型为"追加查询"并确定追加的目的表

单击工具栏上的"查询类型"按钮，在其下拉菜单中选择"追加查询"命令，这时会出现"追加"对话框，在"追加到"栏的"表名称"框中选择目的表"物品"，最后单击"确定"按钮，如图 5-38 所示。

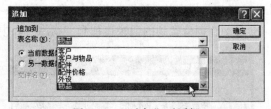

图 5-38　"追加"对话框

（4）选择追加到的目的字段

在第 1 列"追加到"行单元格选择"物品"表中的"物品编号"，表示将添加"外设"表的"外设物品代码"数据到"物品编号"字段中。在第 2 列"追加到"行单元格选择"外设"表中的"名称"，表示将添加"外设"表的"名称"数据到"物品"表的"名称"字段中，如图 5-39 所示。

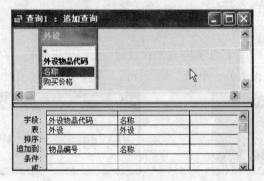

图 5-39　选择追加到的目的字段

注意：第一行"字段"为数据源表的字段。"追加到"单元格中显示的字段为目的表中的字段。两个表字段的数据类型、大小一致时才可以进行追加操作。如果两个表字段数据类型、顺序完全相同，可直接追加。追加数据时还可以定义条件准则，有选择地添加数据。

（5）预览"追加查询"检索的记录

单击主窗口工具栏上的"视图"按钮 ▦ ▾，能够在数据表视图下预览"追加查询"检索到的一组数据，它们是从"外设"表检索出的要追加到"物品"表中的记录，如图 5-40 所示。单击工具栏上的"视图"按钮 ◢ ▾，返回查询设计视图，可对查询进行修改。

外设物品代码	外设名称
A1212U	Agfa Scanner
BJC2100	Canon Bubble jet 2100 Printer
BJC3000	Canon Bubble jet 3000 Printer
C340P	Canon 340P Scanner
C640P	Canon 640P Scanner
CM56	Creative Labs 56k Modem
E640U	Epson Scanner
ES580	Epson Stylus 580 Printer
ES720	Epson Stylus 720 Printer
HP1100	HP Laserjet Printer 1100
HP2100	HP Laserjet Printer 2100

记录: ◄ ◄ 1 ► ►I ►* 共有记录数: 21

图 5-40　从"外设"表中检索出的数据

（6）执行追加数据的操作

在设计视图下，单击主窗口工具栏上的"运行"按钮 ❗，会出现图 5-41 所示追加记录提示框，单击"是"按钮，Access 会自动查询检索到的记录追加到"物品"表中。

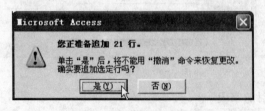

图 5-41　追加记录提示框

（7）保存追加查询

将追加查询保存为"追加外设数据到物品表"，以备后用。

5.6　通过查询计算数据

查询对象还有一个强大的功能，就是对数据进行分析和加工，生成新的数据与信息。生成新的数据，一般通过求和、计数、求最大最小值、求平均数、表达式等方法计算。

本节介绍如何在查询中添加计算字段、对数据进行统计计算。

5.6.1　总计计算

通过 Access 的总计计算功能，可在查询中对查找到的数据记录进行统计，例如，可以统计每个电脑产品的配件数，统计不同外设的类数等。

1. 创建带总计的查询

【操作实例 9】通过统计"物品"表中物品总数，说明如何在查询中进行总计计算。

操作步骤：

① 打开查询设计视图并添加"物品"表。

② 选择查询字段。

拖动"物品"字段列表中的"物品编号"字段到查询设计表格中"字段"行的第 1 列。

③ 添加"总计"行。

单击工具栏上的"合计"按钮 Σ，在查询设计表格会添加一个"总计"行，默认的 Group By 表示按什么分组，如图 5-42 所示。

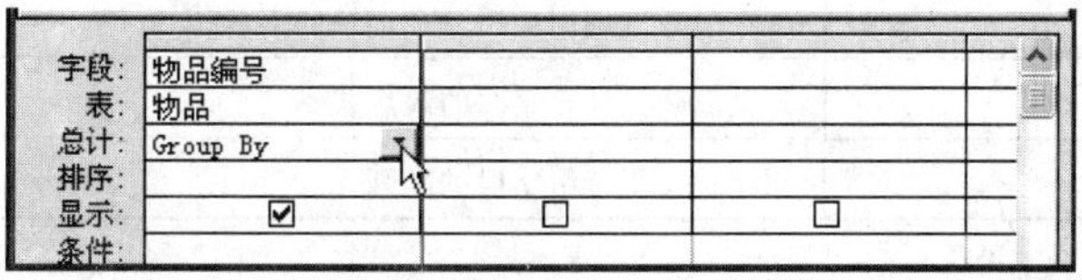

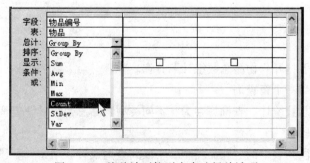

图 5-42　添加"总计"行的查询设计网格

④ 选择总计选项。

将光标移到"物品编号"字段下"总计"行的单元格，单击下拉按钮，从下拉列表中选择 Count 函数，如图 5-43 所示。

图 5-43　从总计下拉列表中选择总计项

⑤ 保存并运行。

保存查询为"物品总数统计"。为了使数据表视图下出现字段标题"物品总数"，可在设计视图下将"字段"行单元格中的字段名称"物品编号"修改为"物品总数：物品编号"，单击工具栏上的"运行"按钮 ▮ 或单击数据表"视图"按钮 ▦ ▾，会出现物品总数的统计结果，如图 5-44 所示。

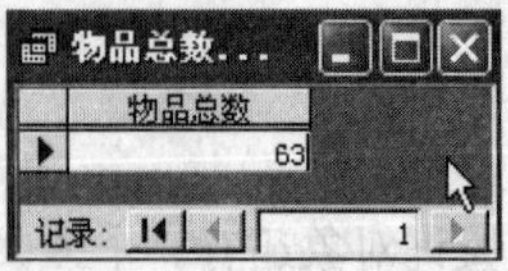

图 5-44　查询出的物品总数

2．总计选项的不同功能

在图 5-43 中的总计下拉列表中可以看到总计有 12 个选项，它们代表不同的函数和操作命令，可以进行不同的总计计算，它们的功能说明如表 5-5 所示。

表 5-5　总计项的功能

	总　计　选　项	功　　　能
函数	Sum	求某字段的累加值
	Avg	求某字段的平均值
	Min	求某字段的最小值
	Max	求某字段的最大值
	Count	求某字段中的非空值数
	StDev	求某字段值的标准方差
	Var	求某字段值的方差
其他总计项	Group By	按字段值划分执行总计计算的组
	First	求在表或查询中第一个记录的字段值
	Last	求在表或查询中最后一个记录的字段值
	Expression	定义新建的计算字段的表达式
	Where	用于定义不分组字段的准则

5.6.2　分组总计计算

在实际应用中，不仅要对所有的记录进行统计，还要将记录分组，对每个组的数据进行统计。例如可以按不同的物品类型进行分组，然后分别统计不同类型物品的数量。

【操作实例 10】通过分组统计电脑产品、配件、外设的数量，说明如何在查询中进行分组总计计算。

操作步骤：

（1）打开查询

在查询设计视图下打开"物品总数统计"查询。

（2）将查询另存为一个新查询

将打开的"物品总数统计"查询另存为"不同类型物品总数统计"查询。

（3）添加分组字段

拖动"物品"字段列表中的"物品类型"字段到查询设计表格中"字段"行的第 2 列上。

（4）按指定字段分组

在"物品类型"字段的"总计"单元格选择 Group By 选项，即确定按"物品类型"字段值进行分组，如图 5-45 所示。

（5）预览查询结果

在设计视图下，单击主窗口工具栏上的"运行"按钮，会出现分组统计结果，如图 5-46 所示。

图 5-45 指定分组的字段

图 5-46 分组总计查询结果

5.6.3 自定义计算字段

前面都是使用 Access 系统提供的统计函数进行计算，但如果统计的数据在表中没有相应字段，或者进行计算的数据值来自多个字段，前面介绍的方法就无能为力了。这时可以定义一个新的计算字段显示计算或统计的数据。

【操作实例 11】创建带有计算字段的查询。通过"外设"表介绍在查询中创建"销售价"、"税后价"计算字段的方法。

操作步骤：

① 将文本类型数据转换为数字类型。

在数据表视图打开"外设"表，使用"替换"对话框将$符号替换为空，然后将其数据类型由"文本"类型转换为"货币"类型。因为原来的单位是美元，而现在的单位是人民币，所以可将"购买价格"通过更新查询将所有数据乘以 8.27，即[购买价格]*8.27。将修改后的"外设"表保存为"外设表"，如图 5-47 所示。

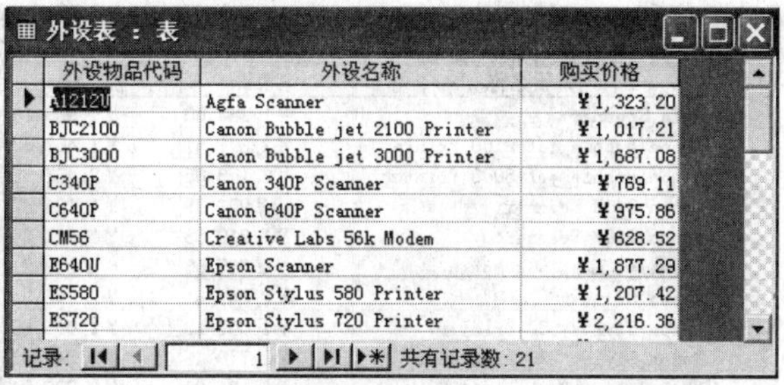

图 5-47 "外设"表

② 打开查询设计视图并添加"外设表"。

③ 选择查询字段。

在查询设计网格中添加"外设物品代码"、"外设名称"、"购买价格"字段。

④ 添加计算字段。

在查询设计网格的第 1 个空白列的"字段"单元格中输入"销售价:[购买价格]*1.25"，其中，

“销售价”是要生成的计算字段的名称，“[购买价格]*1.25”为该字段的计算值。在查询设计网格的第 2 个空白列的“字段”单元格中输入“税后价: [销售价]+[销售价]*0.17”，如图 5-48 所示，并取消选择“购买价格”的“显示”行复选框。

字段:
表:
排序:
显示:
条件:
或:
外设物品代码
外设表
名称
外设表
购买价格
外设表
销售价: [购买价格]*1.25
税后价: [销售价]+[销售价]*.17

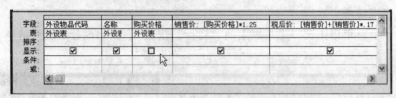

图 5-48　在查询中添加计算字段

注意：不选择“显示”行的复选框（没有对号✓），该字段在数据表视图下不显示。

⑤ 设置新建字段格式。

在设计视图中选中新建字段列，在主窗口菜单栏选择“视图”→“属性”命令，打开“字段属性”对话框，如图 5-49 所示，从中定义格式为“货币”。

字段属性
常规
查阅
说明
格式
货币
小数位数
自动
输入掩码
标题

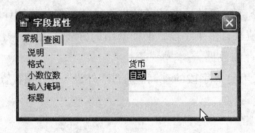

图 5-49　“字段属性”对话框

⑥ 保存查询。

将查询保存为“添加销售价计算字段的查询”。

⑦ 预览查询。

在设计视图下，单击主窗口工具栏上的“运行”按钮❗，会出现图 5-50 所示的结果。

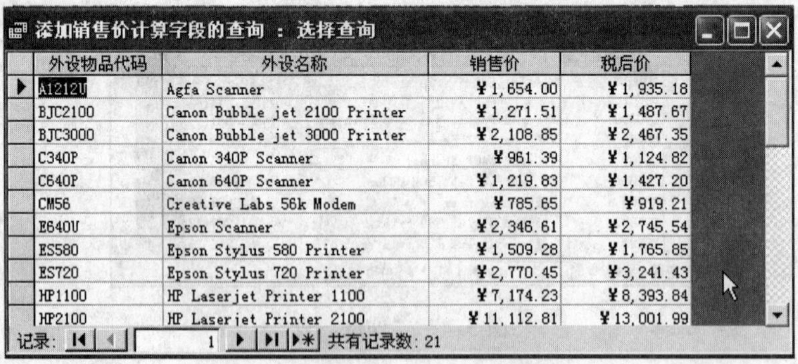

添加销售价计算字段的查询 : 选择查询
外设物品代码
外设名称
销售价
税后价
A1212U
Agfa Scanner
¥1,654.00
¥1,935.18
BJC2100
Canon Bubble jet 2100 Printer
¥1,271.51
¥1,487.67
BJC3000
Canon Bubble jet 3000 Printer
¥2,108.85
¥2,467.35
C340P
Canon 340P Scanner
¥961.39
¥1,124.82
C640P
Canon 640P Scanner
¥1,219.83
¥1,427.20
CM56
Creative Labs 56k Modem
¥785.65
¥919.21
E640U
Epson Scanner
¥2,346.61
¥2,745.54
ES580
Epson Stylus 580 Printer
¥1,509.28
¥1,765.85
ES720
Epson Stylus 720 Printer
¥2,770.45
¥3,241.43
HP1100
HP Laserjet Printer 1100
¥7,174.23
¥8,393.84
HP2100
HP Laserjet Printer 2100
¥11,112.81
¥13,001.99
记录:
1
共有记录数: 21

图 5-50　添加计算字段的查询结果

5.7　操作已创建的查询

查询创建了以后，可以根据需要对其进行运行、浏览、修改等操作。

1．运行查询

在查询设计视图下单击工具栏上的"运行"按钮 ┊ 即可运行该查询。

2．编辑查询中的字段

可在查询设计视图下在查询设计表格中添加字段、删除字段、更改字段名，还可以选中查询字段按住鼠标左键移动字段到新位置。

3．编辑查询中的数据源

（1）删除字段列表

在查询设计视图窗口上方，列出了查询所使用的表或查询，列出了它们可以添加到查询设计表格中的所有字段。如果列出的表或查询是没有用的，可以删除表或查询。

在字段列表标题上右击，在弹出的快捷菜单中选择"删除表"命令，即可删除字段列表，如图 5-51 所示。

图 5-51　选择"删除表"命令

（2）添加表或查询

如果需要从其他表或查询中选择字段，可以添加新表或查询。操作方法如下：单击工具栏上的"显示表"按钮 🗔 或在查询设计视图窗口上方空白处右击，在弹出的快捷菜单中选择"显示表"命令，如图 5-52 所示，即可打开"显示表"对话框添加表或查询。

图 5-52　选择"显示表"命令

4．排序查询的结果

在查询设计视图下单击主窗口工具栏上的"视图"按钮 🖻 ▾ 或单击工具栏上的"运行"按钮

!，能够在数据表视图下浏览查询结果，这时可以像操作表一样对其进行排序操作。

5.8　创建 SQL 查询

SQL 是 structured query language（结构化查询语言）的缩写，SQL 是对存放在计算机数据库数据进行组织、管理和检索的一种工具，SQL 是针对关系数据库使用的。关系数据库都支持 SQL。当用户想要检索数据库中的数据时，可通过 SQL 语言发出请求，DBMS 会对该 SQL 请求进行处理并检索所要求的数据，并将结果返回给用户，此过程被称为数据库查询，这也就是数据库查询语言 SQL 这一名称的来由。SQL 是目前使用最广的并且是标准的数据库语言。SQL 语句使得存取或更新信息变得十分容易。

本节介绍如何在 Access 中通过 SQL 查询来使用 SQL。

5.8.1　SQL 视图

在前面创建查询对象时都没有使用 SQL 语句，但事实上，每一个 Access 查询对象都对应一个 SQL 程序，例如，打开一个查询对象，在工具栏选择"视图"→"SQL 视图"命令，即可在 Access 的 SQL 视图下看到查询对应的 SQL 语句，如图 5-53 所示。这个查询的 SQL 语句是通过查询向导或查询设计器自动创建的。

图 5-53　SQL 视图

从实用角度来说，通过查询向导或查询设计器中就可以创建 Access 的查询对象，但如果掌握了 SQL，可以直接在 SQL 视图输入 SQL 语句创建查询，这种方式创建查询会更方便，功能会更强大。

5.8.2　查询语句 select

查询是 SQL 的核心，用于构成 SQL 查询的 select 语句则是功能最强也是最为复杂的 SQL 语句，它从数据库中检索数据，并将查询结果提供给用户。

如果要列出"物品"表中物品编号、名称、物品类型和制购类型的记录，可用下面的 select 语句：

select 物品编号,名称,物品类型,制购类型 from 物品;

如果要列出物品表中所有配件的物品编号、名称、物品类型和制购类型的记录，可用下面的 select 语句：

select 物品编号,名称,物品类型,制购类型 from 物品 where 物品类型 ="配件";

如果要列出物品表中所有配件的物品编号、名称、物品类型和制购类型的记录，并按名称排序，可用下面的 select 语句：

select 物品编号,名称,物品类型,制购类型 from 物品 where 物品类型 ="配件" order by 名称;

如果要按物品类型列出不同类型物品的总数，可用下面的 select 语句：

select 物品类型,制购类型 count(物品编号) as 物品总数 from 物品 group by 物品类型;

从以上例子可以看到，SQL 的 select 语句和英文语法相似，select 后面表示"查询什么"，from

后面表示"从哪里查询"，where 后面表示"按什么条件查询"，order by 后面表示"按什么排序输出"，group by 后面表示"按什么字段分组"。

分析一下 select 语句的结构，它可以由几个子句构成：select 子句（查询内容）、from 子句（查询对象）、where 子句（查询条件）、order by 子句（排序方式）、group by 子句（分组方式）。总结一下可得出 select 语句的语法格式：

```
select 列选项 1,列选项 2,… from 表名 1 表名 2 …where 条件表达式 order by 排序选项[ASC ｜
DESC]  group by 分组字段名；
```

select 语句的功能：从数据库表中检索出满足条件表达式要求的数据项。

1．select 语句的说明 1

① select 子句说明由哪些列选项组成结果表，它放在 select 语句开始处，指定此查询要检索出的列名称，这些列选项用 ","（英文状态）隔开，并按照从左到右的顺序排列，这些列选项可能是以下项目：

- 字段名：来自 from 子句指定表中的字段。如果字段名作为列选项，则 SQL 直接从数据库表中每行取出该列的值，再将其放在查询结果的相应行中。
- 常数：如果常数作为列选项，则 SQL 指定在查询结果的每行数值都放上该值。
- SQL 表达式：如果表达式作为列选项，则 SQL 指定在查询结果的每行数值都由表达式的规定计算得出。

② from 子句列出查询数据使用的表，它由关键字 from 后跟一组用逗号分开的表名组成。每个表名都代表一个提供该查询数据源的表。这些表称为此 SQL 语句的表源，因为它们是查询的数据都源。

③ where 子句告诉 SQL 查询哪些行中的数据，这些行由"条件表达式"来确定。

④ order by 子句将查询结果按一列或多列中的数据排序。如果省略此子句，则查询结果将是无序的。添加 ASC 属性以升序（从小到大）排列，DESC 属性以降序（从大到小）排列。默认为升序。

⑤ group by 子句指定该查询为分组总计查询，即不是对每行产生一个查询结果，而是以某个字段先将记录分组，再对分组后的记录进行总计给出其统计结果。

2．select 语句的说明 2

select 语句中只有 select 子句和 from 子句为必须有的，其他子句为可选项。

3．select 语句的说明 3

where 子句中的条件表达式，可以由关系运算符、特殊运算符、逻辑运算符、函数组成，可以构成各种灵活多样的不同的查询结果。

4．select 语句的说明 4

select 子句中可以用 "*" 代表选取表中的所有字段，例如从 "物品" 表查询所有配件的记录，可使用下面的 SQL 语句：

```
select * from 物品 where 物品类型 = "配件"；
```

5．select 语句的说明 5

① 当查询涉及两个表时，称为连接查询。一般使用等值连接，即通过相同字段名进行连接，例如，学生.学号=学生选修课程.学号。

② 多表查询中要在字段名称前加上表名，例如，学生.学号。又如，要在"学生"表和"学生选修课程"表中查询所有学生的课程成绩，可使用下面的SQL语句：

select 学生.姓名,学生.班级,学生选修课程.课程号 学生选修课程.课程成绩 from 学生,学生选修课程where学生.学号=学生选修课程.学号;

5.8.3　创建 SQL 查询

【操作实例 12】在 SQL 视图下通过 SQL 语句创建 SQL 查询。

操作步骤：

① 打开"汇科电脑公司数据库"数据库。

② 在"汇科电脑公司数据库"数据库窗口的"对象"栏中选择"查询"对象，双击"使用设计视图创建查询"创建方法，打开查询设计视图，添加"物品"表。

③ 打开 SQL 视图。

在工具栏单击"视图"按钮 **SQL** 或在工具栏选择"视图"→"SQL 视图"命令，打开 SQL 视图，如图 5-54 所示。

图 5-54　SQL 视图

④ 在 SQL 视图中输入以下 SQL 语句，如图 5-55 所示。

select 物品编号,名称,物品类型,制购类型 from 物品where 物品类型 ="配件" order by 名称;

图 5-55　输入 SQL 语句

⑤ 保存查询为"SQL 查询"。

⑥ 浏览查询结果。

单击主窗口工具栏上的"视图"按钮 **▦ ▾** 或单击工具栏上的"运行"按钮 **!**，能够在数据表视图下浏览查询结果，如图 5-56 所示。

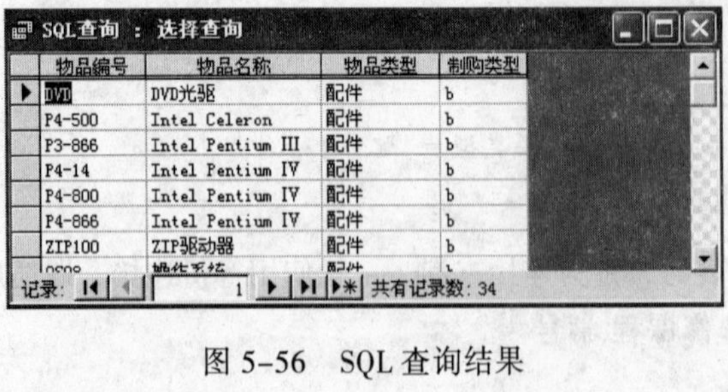

物品编号	物品名称	物品类型	制购类型
DVD	DVD光驱	配件	b
P4-500	Intel Celeron	配件	b
P3-866	Intel Pentium III	配件	b
P4-14	Intel Pentium IV	配件	b
P4-800	Intel Pentium IV	配件	b
P4-866	Intel Pentium IV	配件	b
ZIP100	ZIP驱动器	配件	b

记录：｜◀◀ ｜ 　1 ｜▶ ▶｜▶*｜共有记录数：34

图 5-56　SQL 查询结果

如果对 SQL 语句熟悉，使用 SQL 查询可以很快捷地编写功能强大的查询，前面介绍的所有查询都可以通过 SQL 语句来实现。如果读者有兴趣，可以阅读 SQL 的专门书籍。

小结与提高

1．查询对象的作用

通过对本章的学习要清楚查询对象的作用，它是 Access 中最基本的数据库对象，通过它可以对表或查询中的数据进行选择与加工，在此基础上输出新信息。它可以将一个或多个表及查询的数据重组并进行加工，以一个新的数据集合在数据表视图中显示出来。它不仅可以从表与查询中选择数据，还可以成为创建窗体和报表的基础。

2．查询对象的类型

通过对本章的学习要了解有哪些查询对象类型，在使用查询对象时可以根据使用的目的选择不同类型的查询对象。要掌握常用的选择查询、参数查询、交叉表查询、操作查询的使用方法。

3．查询准则

查询对象功能强大，可以按照用户的要求查询出需要的数据。它之所以功能强大是因为有一个查询准则，它可以很好地描述用户的需求。查询准则是数据库管理系统制定的描述用户查询要求的规则。它由数据库定义的运算符、常数值、字段变量、函数组成的条件表达式组成。查询准则一般分为两种：简单准则和复杂准则。

简单准则通过关系运算符、字段变量与常数值组成的关系表达式来描述，一般描述用户的一个查询条件。

复杂准则是使用特殊运算符、逻辑运算符、函数以及它们的组合（包括关系运算符）连接常数、字段变量组成的条件表达式。可描述用户的多个查询条件。

因此，在本章学习中要很好地掌握查询准则，清楚特殊运算符、逻辑运算符、函数的含义，它们是建立查询对象的基础。

4．创建查询的方法

了解了查询的作用、知道了查询的类型和查询的准则，就可以很容易地创建出查询对象。本章主要介绍了两种创建查询对象方法，即"设计器"和"向导"方法。通过模仿本章实例，读者应能创建选择查询、参数查询、交叉表查询、操作查询。

5．在查询中进行计算和添加计算字段

查询对象不仅能从数据库中查询出需要的数据，还能对检索到的数据进行总计、分组总计、求平均、求和等计算，并能定义新的计算字段，输出新的数据。

6．操作已创建的查询

通过对本章的学习，要掌握对已经创建的查询可以进行的主要操作，包括运行查询，浏览查找的数据，修改查询目标字段，删除或添加字段列表等。

思考与练习

一、问答题

1. 查询有哪几种视图？
2. 查询可以完成哪些任务？
3. 什么是查询的准则？其作用是什么？
4. 与表相比，查询有什么优点？
5. 为什么说查询的数据是动态的数据集合？
6. 查询对象中的数据存放在哪里？
7. 什么是函数？Access 中有哪些常用的函数？
8. Access 中有哪些常用的运算符？
9. 什么是表达式？在 Access 中表达式有什么作用？
10. SQL 是什么？SQL 有哪些操作命令？
11. Select 查询命令的作用是什么？Select 语句由哪些子句组成？
12. 根据"汇科电脑公司数据库"中表的结构，如何使用条件表达式描述以下查询要求：
    （1）电脑产品。
    （2）电脑产品为"入门 PC"有哪些配件。
    （3）购买价格大于 300 元的配件。
    （4）物品名称以"C"开头的外设产品。

二、上机操作

1. 根据"汇科电脑公司数据库"中"电脑"与"配件"表创建选择查询，显示电脑产品及配件组成的信息。
2. 根据"物品"表创建交叉表查询，显示不同仓库中的物品各有多少数量。
3. 根据"物品"表创建参数查询，可以按不同类型、不同日期参数查询物品的信息。
4. 根据"物品"表创建生成表查询，生成表为"销售物品信息"，其中只有外设信息。
5. 根据"物品"表创建追加查询，将电脑产品的记录追加到"销售物品信息"表中。
6. 创建一个更新查询，将"客户与物品"表中的"销售价格"统一降低 10%。
7. 通过设计视图创建一个根据"客户与物品"、"物品"、CO2 表生成的"销售物品信息"查询对象，目标字段为"销售物品编号"、"名称"、"物品类型"、"当前库存量"、"最小库存量"、"订单数量"，并按"销售物品编号"分组。
8. 根据"物品"表创建一个带有计算字段的查询，该字段能够显示外设、配件物品购入或组装出的电脑产品多少天。

第 **6** 章 | 在 Access 中创建窗体

学习目标

☑ 能够了解窗体的类型及作用

☑ 能够了解控件的种类与功能

☑ 能够使用向导创建窗体

☑ 能够使用设计器创建窗体

☑ 能够美化已经创建的窗体

6.1 窗体的作用

窗体是用于在数据库中输入和显示数据的数据库对象，是人机交互的接口。它通过计算机屏幕窗口将数据库中的表或查询中的数据显示给用户，并将用户输入的数据传递到数据库。

窗体是组成 Access 数据库应用系统的界面，大多数用户都是通过窗体界面使用、管理数据库的。而用户一般都不是数据库的创建者，所以方便、友好的窗体界面会给用户带来很大的便利，能根据窗口中的提示方便地使用数据库完成自己的工作，不用专门培训。因此，窗体对于开发数据库应用软件十分重要，不管数据库中表或查询设计得有多好，如果窗体设计得十分杂乱，而且没有任何提示，用户就不会使用你开发的数据库软件。

窗体是用户对数据库进行操作的界面。用户可以通过窗体对数据库中的数据进行管理和维护，通过窗体检索数据库得到有用信息。

窗体主要有以下功能：

1. 显示和编辑数据库中的数据

使用窗体可以更方便、更友好地显示和编辑数据库中的数据。

2. 显示提示信息

通过窗体可以显示一些解释或警告信息，以便及时告诉用户即将发生的事情，例如，用户要删除一条记录，可显示一个提示对话框要求用户进行确认。

3．控制程序运行

通过窗体可以将数据库的其他对象连接起来，并控制这些对象进行工作。例如，可以在窗体上创建一个命令按钮，通过单击命令按钮打开一个查询、报表或表对象等。

4．打印数据

在 Access 中，可将窗体对象中的信息打印出来，供用户使用。

6.2　窗体的类型

要想创建一个界面友好、使用方便、功能强大的窗体，先要了解 Access 中有哪些窗体类型，它们各有什么功能、特点，这样才能在使用中根据不同需要来使用不同类型的窗体，做到事半功倍。

本节主要了解 Access 提供的七种窗体：纵栏式窗体、表格式窗体、主/子窗体、数据表窗体、图表窗体、数据透视图窗体、数据透视表窗体，并了解它们的功能和特点。

1．纵栏式窗体

纵栏式窗体可通过窗口完整查看并维护表或查询中所有字段和记录。一般用于输入数据库中的数据，作为用户输入信息的界面，它能提高输入效率、保证数据安全输入。

纵栏式窗体第一个特点：创建非常简单，在数据库窗口打开单个表或查询对象时，单击主窗口工具栏上的"自动窗体"按钮 ，即可创建如图 6-1 所示的窗体。

纵栏式窗体的第二个特点：基于单个表或查询创建。

纵栏式窗体的第三个特点：每个界面一次只显示一条记录数据，这与每次可以显示很多条记录的数据表不同。纵栏式窗体在显示表中记录时，每行显示一个字段，左边是字段名，右边是字段值，如图 6-1 所示。

图 6-1　纵栏式窗体

2．表格式窗体

表格式窗体通过窗口如同表格一次显示表或查询中所有的字段和记录，可用于显示数据或输入数据，可作为显示或输入多条记录数据的界面。

表格式窗体的第一个特点：每行显示一条记录的所有字段值，字段名显示在窗体的顶端，如图 6-2 所示。

表格式窗体的第二个特点：基于单个表或查询创建。

表格式窗体的第三个特点：创建方式简单，可自动创建。

图 6-2 表格式窗体

3. 数据表窗体

数据表窗体通过窗口以行与列的格式显示每条记录的字段值，每条记录显示为一行，每个字段显示为一列，字段名显示在每一列的顶端，与数据表视图中显示的表样式相同，故称数据表窗体，如图 6-3 所示。一般作为显示表或查询中所有记录数据的界面。

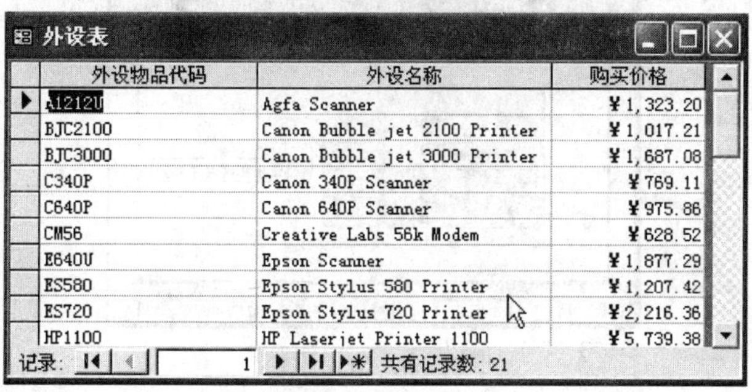

图 6-3 数据表窗体

数据表窗体的第一个特点：以数据表样式显示所有记录和字段。

数据表窗体的第二个特点：基于单个表或查询创建。

数据表窗体的第三个特点：创建方式简单，可自动创建。

4. 主/子窗体

主/子窗体也称为阶层式窗体、主窗体/细节窗体或父窗体/子窗体。主/子窗体由两个窗体构成，主要特点是可以将一个窗体插入到另一窗体中。插入窗体的窗体称为主窗体，插入的窗体称为子窗体，如图 6-4 所示。

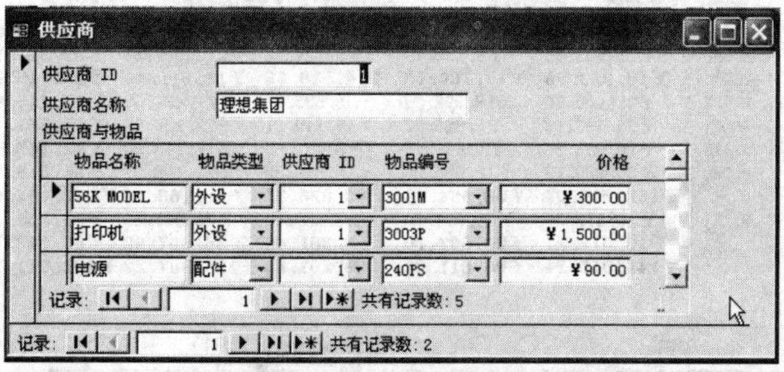

图 6-4 主/子窗体

主/子窗体一般用于显示具有一对多关系的表或查询中的数据，主窗体用来显示"一"方的数据，子窗体用来显示"多"方的数据。例如，可以创建一个带有子窗体的主窗体，用于显示"供应商"表和"供应商与物品"表中的数据。"供应商"是一对多关系中的"一"方，"供应商与物品"是"多"方，因为每个供应商可以提供多种产品。

在主/子窗体中，主窗体和子窗体彼此链接，子窗体只显示与主窗体当前记录相关的记录。例如，当主窗体显示"理想集团"名称时，子窗体只显示供应商"理想集团"提供的产品及价格等信息。主/子窗体集成了纵栏式窗体和数据表窗体的优点。

5．图表窗体

图表窗体是显示图表信息的窗体，如图 6-5 所示。Access 提供了多种图表，包括折线图、柱形图、饼图、环形图、面积图、三维条形图等。

图表窗体具有图形直观的特点，可形象说明数据的对比、变化趋势。

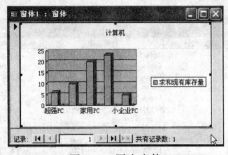

图 6-5　图表窗体

6．数据透视表窗体

数据透视表窗体可以在窗体中对数据进行计算，窗体按列和行显示数据，并可按行和列总计数据。如图 6-6 所示，可以将字段值作为行和列的标题，在每个行标题和列标题的交叉点显示数据值，计算小计和总计。例如，可以按季度分析每个销售员的销售额，可将销售员姓名作为列标题放在数据透视表窗体的顶端，季度名称作为行标题放在数据透视表窗体的左侧，在每组最后一行与最后一列显示汇总的数据。

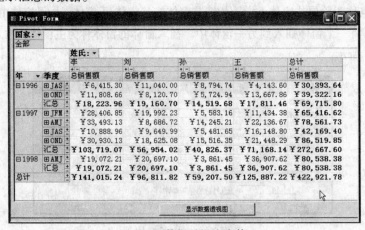

图 6-6　数据透视表窗体

7. 数据透视图窗体

数据透视图窗体可以在窗体中对数据进行计算，用图形显示列和行的数据与总计数据，如图 6-7 所示。

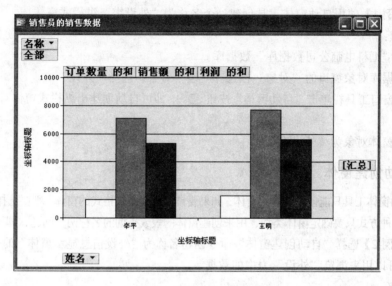

图 6-7 数据透视图窗体

8. 不同分类方式的窗体

根据窗体的样式特点，可将窗体分为如下类型：

（1）单个窗体

单个窗体中只显示一个记录的信息，例如纵栏式窗体。

（2）连续窗体

一个窗体中可以显示多个记录，例如表格式窗体。通过窗体的"默认视图"属性可以定义窗体是单个窗体还是连续窗体。

（3）弹出式窗体

弹出式窗体总是位于其他窗体之上。弹出式窗体可以分为两种：非独占式和独占式。非独占弹出式窗体打开后可以访问其他数据库对象；独占弹出式窗体打开后不能访问其他数据库对象。通过窗体的"弹出方式"属性可以定义窗体是否为弹出式窗体。

（4）自定义窗体

自定义窗体是按照用户的要求，使用窗体设计工具箱中的控件随意创建的窗体，没有固定的形式。

6.3 通过自动方式创建窗体

本节介绍如何使用 Access 的工具自动根据一个或多个表或查询对象创建一个窗体对象。

6.3.1　自动窗体

自动窗体工具可以根据一个确定的表或查询自动生成一个纵栏式窗体，方法最简单，只需两个操作。

【操作实例 1】使用自动窗体工具创建一个名称为"外设表"纵栏式窗体。

操作步骤：

① 打开"汇科电脑公司数据库"数据库。

② 在数据库对象窗口的"对象"栏选择"表"对象，选择"外设"表。

③ 在主窗口工具栏单击"自动窗体"按钮，即可自动创建出纵栏式窗体对象，如图 6-1 所示。

④ 保存窗体对象为"外设表"。

6.3.2　自动创建窗体

使用自动窗体工具只能创建纵栏式窗体，如果要自动创建其他格式的窗体，则要选择"自动创建窗体"命令，这种方式只要确定窗体类型、用来创建窗体的表或查询的名称两个问题，即可创建出窗体。

【操作实例 2】选择"自动创建窗体"命令创建名称为"外设信息显示窗体"的表格式窗体对象，该窗体可以用来浏览"外设"表中的数据。

操作步骤：

① 在"汇科电脑公司数据库"数据库窗口的"对象"栏选择"窗体"对象。

② 单击数据库窗口工具栏上的"新建"按钮。

③ 在打开的"新建窗体"对话框中先选择"自动创建窗体：表格式"命令，然后在"请选择该对象数据的来源表或查询"下拉列表框中选择"外设"表，最后单击"确定"按钮，如图 6-8 所示。

④ 保存该窗体对象为"外设信息显示窗体"，即完成了创建数据表格式窗体的任务，其窗口界面如图 6-2 所示。

注意：虽然使用自动创建窗体的方式简单、快捷，但一般都是基于单个表或查询创建的，如果要创建基于多个表或查询的数据，则要先创建一个查询，再根据这个查询来创建窗体。该方法主要用来创建纵栏式、表格式和数据表等窗体。

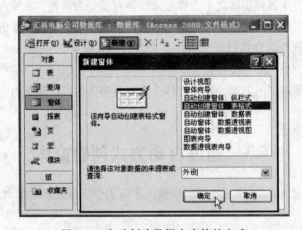

图 6-8　自动创建数据表窗体的方式

6.4　通过向导创建窗体

　　窗体中的数据源可以来自一个表或查询，也可以来自多个表或查询。创建基于一个表或查询的窗体最简单的方法是使用自动创建窗体的方式。创建基于多个表或查询的窗体最简单的方法是使用窗体向导。

　　本节介绍如何使用向导创建基于多个表或查询的窗体以及图表窗体、数据透视表窗体、数据透视图窗体。

6.4.1　基于多个表或查询的主/子窗体

　　【操作实例 3】通过窗体向导创建基于"供应商"、"物品"和"供应商与物品"三个表的名称为"供应商物品价格显示窗口"的主/子式窗体对象，该窗体用来输入、显示不同供应商提供的物品价格数据。

　　操作步骤：

　　（1）启动窗体向导

　　① 启动 Access，打开"汇科电脑公司数据库"数据库。

　　② 在数据库窗口的"对象"栏选择"窗体"对象。

　　③ 双击"使用向导创建窗体"创建方法，启动窗体向导，打开"窗体向导"对话框，如图 6-9 所示。

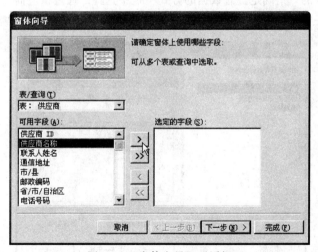

图 6-9　"窗体向导"对话框

　　（2）回答向导提问

　　在下面会连续出现向导对话框，提出几个问题，让用户确定问题的答案。其提问如下：

　　① 确定窗体上使用哪些字段。

　　● 在"表/查询"下拉列表框中选择"供应商"表，在"可用字段"列表框选择字段"供应商 ID"，单击"＞"按钮，将"供应商 ID"字段添加到"选定的字段"框。同样添加"供应商名称"到"选定的字段"框。

- 再返回"表/查询"下拉列表框中选择"供应商与物品"表，选择表中所有字段到"选定的字段"框中。
- 用同样方式选择"物品"表中的"名称"、"物品类型"字段到"选定的字段"框。

从三个表选定的窗体使用的字段如图 6-10 所示。然后单击"下一步"按钮。

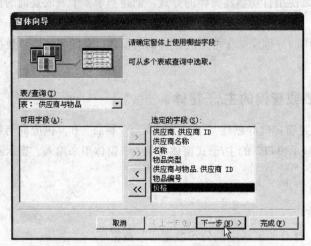

图 6-10　从多个表中选择窗体使用的字段

② 确定窗体上查看数据的方式。

- 在向导对话框的"请确定查看数据的方式"栏中选择"通过供应商"方式。
- 选择"带有子窗体的窗体"单选按钮，如图 6-11 所示。然后单击"下一步"按钮。

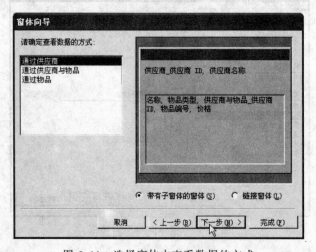

图 6-11　选择窗体中查看数据的方式

③ 确定子窗体使用的布局。

在向导对话框的选项组中列出了四种子窗体的布局供用户选择。从中选择"表格"单选按钮，如图 6-12 所示。然后单击"下一步"按钮。

④ 确定窗体使用的样式。

对话框中提供了多种系统设置好的窗体样式，用户可以按自己的喜好进行选择。

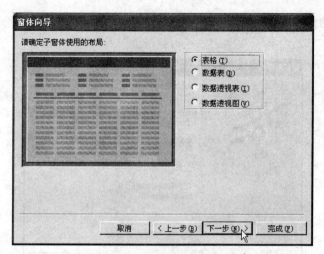

图 6-12　选择子窗体使用的布局

从中选择"标准"选项，其样式可在左边框中浏览，如图 6-13 所示，然后单击"下一步"按钮。

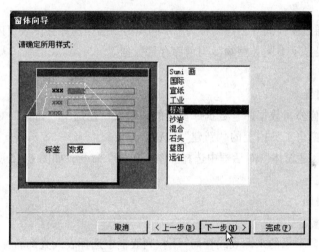

图 6-13　选择窗体使用的样式

⑤ 确定窗体与子窗体使用的标题。

对话框中显示了系统默认的窗体与子窗体的标题，如图 6-14 所示。用户可以重新定义两个窗体的名称，如果选择默认的标题，可单击"完成"按钮，结束向导所有提问。

（3）自动创建窗体

窗体向导在得到所有需要的信息后，会自动创建主/子窗体，并可在窗体视图中看到创建的窗体，如图 6-4 所示。

通过主/子窗体可以显示所有供应商提供的物品，每个窗体界面只显示一个供应商提供的物品及价格，并可以直接修改或输入表中的数据。通过记录选择器，可以选择另一供应商记录。

在使用向导创建主子窗体时，同时创建了两个窗体对象：一个是"供应商"，另一个是"供应商与物品 子窗体"对象。

如果向导创建的窗体不够理想，可以单击工具栏上的"设计"按钮 ，切换到窗体设计视图中进行修改。

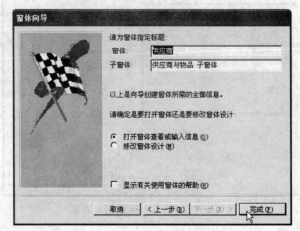

图 6-14　选择窗体与子窗体使用的标题

6.4.2　图表窗体

【操作实例 4】通过窗体向导创建名称为"不同类型物品当前库存图表窗体"的图表式窗体对象，该窗体使用图表显示不同类型物品当前库存量数据。

操作步骤：

（1）启动图表向导

① 在"汇科电脑公司数据库"数据库窗口的"对象"栏选中"窗体"对象。

② 单击数据库窗口工具栏上的"新建"按钮。

③ 在打开的"新建窗体"对话框中选择"图表向导"命令，如图 6-15 所示，单击"确定"按钮即可启动图表向导。

（2）回答向导提问

① 确定数据来源。

在"请选择该对象数据的来源表或查询"下拉列表框中选择表或查询名称，这里选择的是"物品"表，如图 6-15 所示。

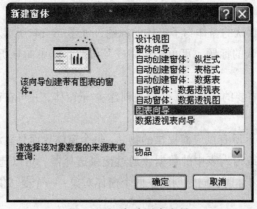

图 6-15　启动图表向导

② 确定用于图表中的字段。

在"可用字段"列表框中选择"物品类型"、"现有库存量"字段添加到"用于图表的字段"栏中，如图 6-16 所示。

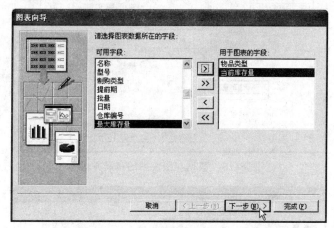

图 6-16　选择图表中的字段

③ 确定图表使用的类型。

对话框中显示了 Access 提供的 20 种图表类型，在图形按钮上单击，即可选择该图表类型。这里单击"三维柱形图"图表按钮，选择"三维柱形图"图表，如图 6-17 所示。

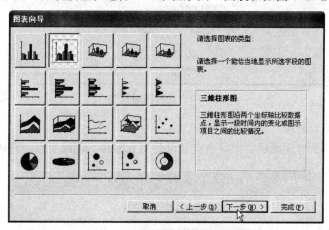

图 6-17　选择图表使用的类型

④ 确定数据在图表柱的布局方式。

图 6-18 所示为向导自动指定的数据布局方式，在纵坐标上显示"求和当前库存量"的数值，在横坐标上显示"物品类型"。

双击"求和当前库存量"框，可选择其他汇总方式。如果选择对话框默认的求和汇总方式，可以直接单击"下一步"按钮。

⑤ 确定图表的标题。

在对话框中修改向导默认的图表标题"物品"为"不同类型物品的当前库存量"，如图 6-19 所示，最后单击"完成"按钮，结束向导提问。

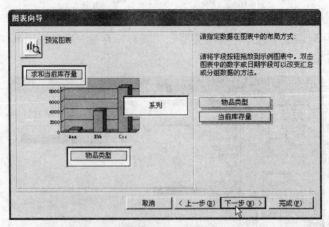

图 6-18 数据在图表中的布局方式

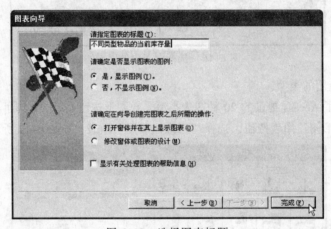

图 6-19 选择图表标题

（3）自动创建图表窗体

回答图表向导的所有问题后，向导会自动创建图表窗体，创建的图表窗体如图 6-20 所示。

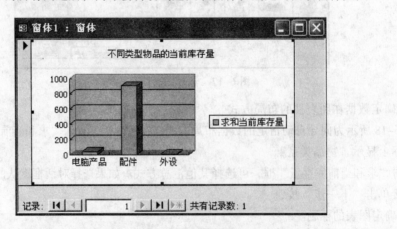

图 6-20 通过向导创建的图表

保存该窗体对象为"不同类型物品当前库存图表窗体"，就完成了创建图表窗体的任务。

6.4.3 数据透视图窗体

使用图表窗体只能用图形显示一种数据字段（如库存量）的统计数据，数据透视图窗体能同时显示多种统计数据。

【操作实例 5】创建名称为"销售员的销售数据"的查询对象，查找出的数据用来作为数据透视图窗体与数据透视表窗体的记录源。

操作步骤：

① 打开查询设计视图并添加"物品"、"CO2"、"CO1"、"销售员"表，并建立表之间的连接，如图 6-21 所示，保存查询为"销售员的销售数据"。

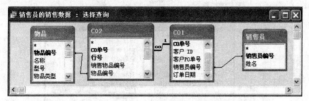

图 6-21 连接表与查询

② 从不同的表拖动需要的字段到查询设计区域，如图 6-22 所示。

③ 添加计算字段"销售额：[单价]*[订单数量]/1000"，如图 6-22 所示。查询到的数据如图 6-23 所示。

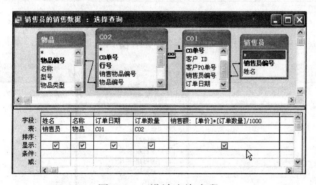

图 6-22 设计查询字段

姓名	物品名称	订单日期	订单数量	销售额
李平	入门级PC	2007-2-13	100	￥420.00
李平	家用PC	2007-2-13	100	￥660.00
李平	56K MODEL	2007-2-13	200	￥70.00
王明	小企业PC	2007-2-16	150	￥1,335.00
王明	高能PC	2007-2-16	200	￥2,460.00
王明	超强PC	2007-2-16	100	￥1,850.00
王明	56K MODEL	2007-2-16	450	￥157.50
李平	小企业PC	2007-3-16	150	￥1,320.00
李平	高能PC	2007-3-16	150	￥1,800.00
李平	超强PC	2007-3-16	150	￥2,700.00
李平	56K MODEL	2007-3-16	450	￥153.00
王明	入门级PC	2007-3-16	150	￥675.00
王明	家用PC	2007-3-16	200	￥1,100.00
王明	56K MODEL	2007-3-16	350	￥122.50

记录：|◀ ◀ 1 ▶ ▶| ▶* 共有记录数：14

图 6-23 查询到的数据

【操作实例 6】创建名称为"销售员销售数据透视图窗口"的数据透视图窗体对象，该窗体通过图形显示汇总的多个数据。

操作步骤：

① 在数据库窗口的"对象"栏选择"窗体"对象。

② 单击数据库窗口工具栏上的"新建"按钮，在打开的"新建窗体"对话框中选择"自动窗体：数据透视图"，在"请选择该对象数据的来源表或查询"下拉列表框中选择查询"销售员的销售数据"，单击"确定"按钮，如图 6-24 所示。

图 6-24　"新建窗体"对话框

③ 在打开的数据透视图中将出现如图 6-25 所示窗口。

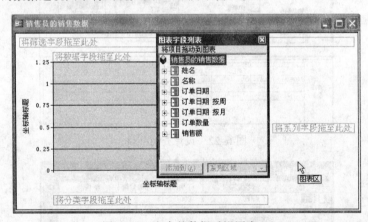

图 6-25　空白的数据透视图窗口

④ 在"图表字段列表"框中将"名称"字段拖动到"将筛选字段拖至此处"，将"姓名"字段拖动到"将分类字段拖至此处"，将"订单数量"、"销售额"字段拖动到"将数据字段拖至此处"，结果如图 6-26 所示。

⑤ 关闭"图表字段列表"框。

⑥ 保存窗体对象为"销售员销售数据透视图窗口"。

在这里可以看到全部产品订单数量与销售额总数的图形显示。透视图还可以根据需要筛选出不同产品各个销售员的销售数据图形。

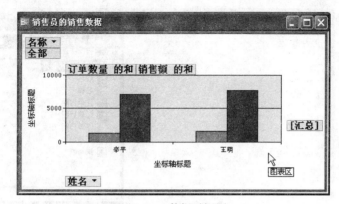

图 6-26　数据透视图

6.4.4　数据透视表窗体

使用数据透视图窗体是用图形显示数据的方式，数据透视表窗体可以用表格的方式同时显示多种统计数据。

【操作实例 7】创建名称为"销售员销售数据透视表窗口"的数据透视表窗体对象，该窗体通过表格的方式显示汇总的多个数据。

操作步骤：

① 在数据库窗口的"对象"栏选择"窗体"对象。

② 单击数据库窗口工具栏上的"新建"按钮，在打开的"新建窗体"对话框中选择"自动窗体：数据透视表"命令，在"请选择该对象数据的来源表或查询"下拉列表框中选择查询"销售员的销售数据"，单击"确定"按钮，如图 6-27 所示。

图 6-27　"新建窗体"对话框

③ 在数据透视表视图中将出现图 6-28 所示的窗口。

④ 从"数据透视表字段列表"框中将"名称"字段拖动到将"名称"字段拖动到"将筛选字段拖至此处"，将"姓名"字段拖动到"将行字段拖至此处"，将"订单数量"、"销售额"字段拖动到"将汇总或明细字段拖至此处"，在"数据透视表字段列表"框中展开"订单日期 按月"，将"年"、"季度"、"月"字段拖动到"将列字段拖至此处"结果如图 6-29 所示。

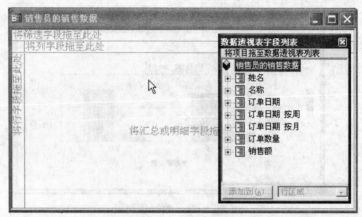

图 6-28　空白的数据透视表视图

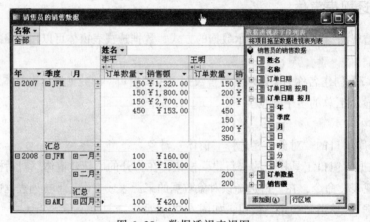

图 6-29　数据透视表视图

⑤ 将汇总或明细字段"订单数量"、"销售额"分别拖动到"总计"列下，可自动统计出汇总数据，结果如图 6-30 所示。

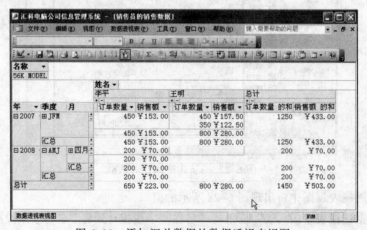

图 6-30　添加汇总数据的数据透视表视图

⑥ 在数据透视表视图中右击，在弹出的快捷菜单中选择"属性"命令，可以修改字段标题、颜色、字体等，结果如图 6-31 所示。

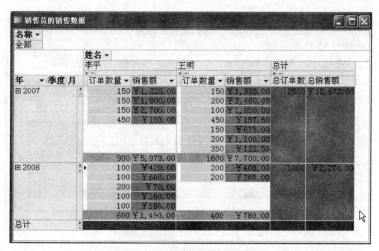

图 6-31　美化的数据透视表

⑦ 右击字段名，在弹出的快捷菜单中选择"删除"命令，可以从窗口中删除字段。如果要添加其他字段，可以从"数据透视表字段列表"框中直接拖动到窗口。

⑧ 关闭"图表字段列表"框，保存窗体对象为"销售员销售数据透视表窗口"。

数据透视表功能非常强大，而且很容易使用，希望读者多练习。

6.5　通过设计器自行创建窗体

利用自动方式与窗体向导虽然可以方便地创建窗体，但向导只能创建显示表或查询数据的窗体。对于窗体的其他功能，例如，通过窗体显示提示信息、添加各种说明信息、在窗体中添加各种功能按钮、查询表中数据、打开与关闭窗体等，要用设计器来实现。

本节介绍如何通过窗体设计视图自行创建窗体。

6.5.1　认识窗体设计视图

使用设计器创建窗体，先要了解窗体设计视图。

1. 打开窗体设计视图的方式

① 启动 Access，打开"汇科电脑公司数据库"数据库。

② 在数据库窗口的"对象"栏选择"窗体"对象。

③ 双击"在设计视图中创建窗体"创建方法，即可打开窗体设计视图，如图 6-32 所示。

窗体设计视图中有很多的网格线，还有标尺。网格和标尺都是为了在窗体中放置各种控件定位使用的。如果不希望它们出现，可右击窗体设计视图中的窗体标题，在弹出的快捷菜单中选择"标尺"或"网格"命令，它们就会消失。

注意：表和查询常用的有两种视图："数据表"视图和"设计"视图。而窗体常用的有三种视图，即"窗体"视图、"设计"视图和"数据表"视图，通过工具栏上的"视图"按钮 ，可切换到不同视图。

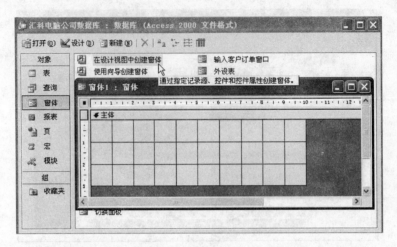

图 6-32　窗体设计视图

2．窗体的组成及节的功能

（1）窗体的五个组成部分

在窗体设计视图中右击，在弹出的快捷菜单中分别选择"页面页眉/页脚"和"窗体页眉/页脚"命令，会显示窗体的五个部分，如图 6-33 所示。每个部分称为节，代表着窗体中不同的区域；每一节中可以显示不同的控件，例如，标签、文本框等。窗体可以只包含主体节，如图 6-32 所示。可根据需要使窗体包含其他节。

图 6-33　窗体的五个节

（2）窗体各节的功能

窗体页眉：其内容位于窗体顶部，一般用于设置窗体的标题、窗体使用说明。窗体页眉还出现在打印首页的顶部。

页面页眉：其内容一般用来设置每个打印页顶部显示的标题或列标题等信息。页面页眉只出现在打印窗体中。

主体：该区域为窗体的主要部分，主要用来显示窗体数据源的记录数据。可以在主体上显示一条记录，也可以显示多条记录。主体上也可放置其他控件，如按钮等。

页面页脚：其内容一般用来设置每个打印页的底部显示的日期或页码等信息。页面页脚只出现在打印窗体中。

窗体页脚：其内容位于窗体底部，一般放置对所有记录都使用的标签文字或命令按钮。

6.5.2　在窗体中使用的控件

窗体只是提供了一个窗口框架，其功能要通过窗体上放置的各种控件来执行，所以，创建窗体的主要工作是创建控件，它们才是窗体强大功能的主力军，控件与数据库对象结合起来可以构造出功能强大、界面友好、使用方便的可视化窗体。

1．工具箱

工具箱是提供窗体常用控件的工具，在打开窗体设计视图时，会同时打开一个窗体设计工具箱，如图 6-34 所示。

图 6-34　窗体设计工具箱

如果在窗体设计视图中未显示工具箱，可单击工具栏的"工具箱"按钮，如果不希望工具箱出现在设计窗口，可单击 按钮，工具箱即可关闭隐藏起来。

2．工具箱的移动和锁定

如果需要移动工具箱，可用鼠标指向工具箱标题栏，按住鼠标左键将工具箱拖到目标位置。

如果要重复使用工具箱的某个控件，可双击该控件将其锁定。按【Esc】键可释放该控件即解锁。

3．常用控件的功能

工具箱中不同的按钮表示不同的控件，各个控件具有不同的功能，其功能如表 6-1 所示。

表 6-1　控件的功能

按　钮	名　称	功　能
▷	选择对象	用于选取控件、节或窗体。单击该按钮可以释放锁定的工具箱按钮
◹	控件向导	用于打开或关闭控件向导。单击该按钮，在创建其他控件时，会启动控件向导来创建控件，如组合框、列表框、选项组、命令按钮等控件都可使用向导来创建
Aa	标签	用于显示文字，如窗体的标题、指示文字等。Access 会自动为其他控件附加默认的标签控件
abl	文本框	用于显示、输入或编辑窗体的基础记录源数据，显示计算结果，或接收用户输入的数据
☐	选项组	与复选框、选项按钮或切换按钮搭配使用，显示一组可选值
⇌	切换按钮	常作为是/否字段的使用控件，用来接收用户是/否选择的值或选项组的一部分
◉	选项按钮	常作为是/否字段的使用控件，用来接收用户是/否选择的值或选项组的一部分
☑	复选框	常作为是/否字段的使用控件，用来接收用户是/否选择的值或选项组的一部分
▦	组合框	该控件结合了文本框和列表框的特性，既可在文本框中直接输入文字也可在列表框中选择输入的文字，其值会保存在定义的字段变量或内存变量中
▦	列表框	显示可滚动的数值列表。在窗体视图中，可以从列表中选择值、输入数据，或者使用列表提供的值更改现有的数据，但不可输入列表外的数据值

续表

按　　钮	名　称	功　　　　　能
⌐	命令按钮	用于完成各种操作，例如，查找记录、打开窗体等
🖼	图像	用于在窗体中显示静态图片。不能在 Access 中编辑
🖼	非绑定对象框	用于在窗体中显示非结合 OLE 对象，例如 Excel 电子表格。当记录改变时，该对象不变
🖼	绑定对象框	用于在窗体中显示结合的 OLE 对象，例如 Excel 电子表格。当记录改变时，该对象会一起变
🗏	分页符	用于在窗体上开始一个新的屏幕，或在打印窗体上开始一个新页
⌐	选项卡	用于创建一个多页的选项卡控件。在选项卡上可以添加其他控件
▦	子窗体	用来添加一个子窗体或子报表，可用来显示多个表中的数据
＼	直线	用于显示一条直线，可突出相关的或特别重要的信息
▢	矩形	显示一个矩形框，可添加图形效果，将一些组件框在一起
🛠	其他控件	单击该按钮将弹出一个列表，可以从中选择其他控件

6.5.3　创建自定义窗体

自定义窗体就是自己在窗体中创建控件，设置控件属性，将控件与其他数据库对象结合在一起。

1．在窗体中创建标签、文本框、组合框等控件

【操作实例 8】通过创建一个以不同组合方式查询物品信息的自定义窗体"公司物品信息查询窗口"来介绍创建自定义窗体的方法。

操作步骤：

（1）创建一个空白窗体

要创建窗体，第一步要创建一个空白的窗体框架，它是放置控件的地方。

① 启动 Access，打开"汇科电脑公司数据库"数据库。

② 在数据库窗口的"对象"栏选择"窗体"对象。

③ 双击"在设计视图创建窗体"创建方法，即可在窗体设计视图中打开一个空白窗体，如图 6-35 所示。通过拖动窗体右下角可改变窗体面积的大小。

④ 单击工具栏上的"保存"按钮🖫，将空白窗体存为"公司物品信息查询窗口"，就完成了创建空白窗体的任务。

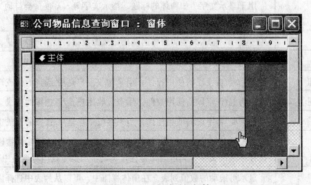

图 6-35　空白的窗体

（2）在窗体上创建标签控件

使用标签控件可以在窗体上显示文字信息。

① 在工具箱中单击"标签"按钮 Aa 。

② 在窗体上单击要放置标签的左上角的位置，并按住鼠标左键拖动以确定标签的大小，然后松开鼠标，在窗体上会出现一个标签空白框，可在其中输入文字，如图 6-36 所示。

③ 单击窗体空白处，光标从标签框中跳出，结束创建标签控件的任务。

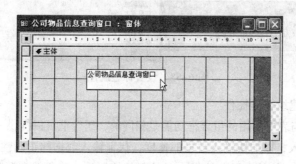

图 6-36　添加标签控件

（3）设置标签控件属性

每个控件都有不同的属性，通过属性对话框可以改变控件的属性。

① 在标签控件上单击，控件四周会出现六个小黑块，选中控件。

② 单击工具栏上的"属性"按钮 ，或者右击，在弹出的快捷菜单中选择"属性"命令，会打开图 6-37 所示的"标签"属性对话框（根据选中的控件会打开相应控件的属性对话框）。

图 6-37　"标签"属性对话框

③ 设置控件属性。

在标签"label0"属性对话框的"格式"选项卡下可以设置 label0 标签的属性：字体大小为16，字体名称为"楷体_GB2312"，宽度为"6 厘米"，高度为"1 厘米"，背景样式为"透明"，特殊效果为"蚀刻"，如图 6-38 所示。设置的属性效果可同时在窗体中看到。

④ 属性都设置好后，单击对话框右上角的"关闭"按钮 X，可关闭"属性"对话框。

注意： 可以直接单击"属性"按钮 打开"属性"对话框，从控件下拉列表中可选择指定控件。

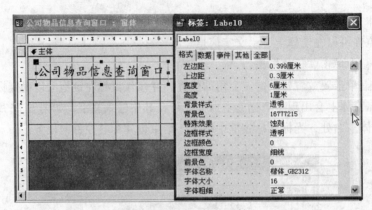

图 6-38　设置标签属性

（4）通过向导创建组合框控件

窗体上的组合框与表中使用的组合框功能是相同的，组合框可以提供一组数据使用户可以选择其中的数据进行输入，以加快输入数据的速度，保证输入数据的正确性。

① 在工具箱按下"控件向导"按钮 （按下的按钮为淡蓝色并有深蓝色框线）。

② 单击工具箱中的"组合框"按钮 。

③ 在窗体上单击要放置组合框的左上角的位置，启动"组合框向导"，显示图 6-39 所示的"组合框向导"对话框（这个组合框向导与创建表结构中使用的组合框向导是相同的，创建方法也完全相同）。

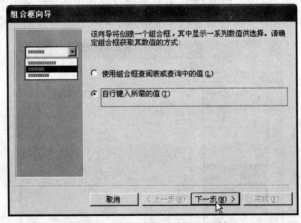

图 6-39　"组合框向导"对话框

④ 回答组合框向导提问。

根据向导提问，自行输入作为组合框的列表选项的值"电脑产品"、"外设"、"配件"、"其他"，如图 6-40 所示。指定组合框标签为"选择物品类型"。结束组合框向导提问后，即可看到窗体上创建的组合框控件，如图 6-41 所示。

⑤ 单击"属性"按钮 ，打开"组合框"属性对话框，从中选择"其他"选项卡，将"名称"属性改为 C1，如图 6-41 所示。原来的组合框默认名称 Combo1 会变为 C1，该名称以后要使用。

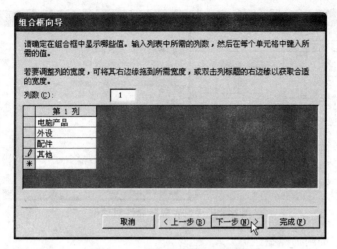

图 6-40 指定组合框显示的值

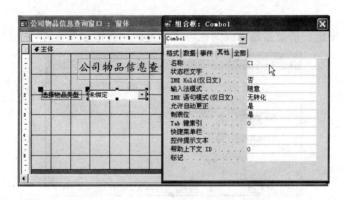

图 6-41 "组合框"属性对话框

在窗体视图中,创建的组合框如图 6-42 所示。

(5)通过设置属性创建列表框控件

列表框的功能与组合框相同,创建方法也类似,可以使用向导控件来创建,还可以通过"属性"对话框来创建。

① 释放"控件向导"控件。

如果"控件向导"按钮 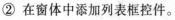 在按下状态,可单击该按钮,确保"控件向导"按钮在弹起状态,这样,创建控件时不会启动控件向导。

图 6-42 组合框

② 在窗体中添加列表框控件。

在工具箱单击"列表框"按钮 ,在窗体上单击要放置列表框的左上角的位置,即可在窗体中添加一个列表框控件。但此时列表框中没有列表选项。

③ 设置列表框属性。

选中列表框控件,单击工具栏上的"属性"按钮 ,打开"列表框"属性对话框,从中选择"全部"选项卡,在"名称"属性框输入名称 L1,在"行来源类型"下拉列表中选择"值列表",在"行来源"属性框中输入""chp"; "pj"; "qt";"ws"",其值将作为列表框的列表值,如图 6-43 所示。

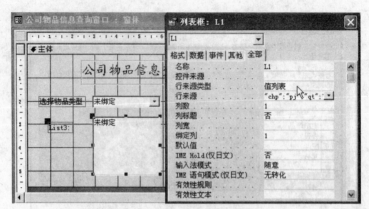

图 6-43　"列表框"属性对话框

④ 修改列表框的附加标签。

选择列表框的附加标签，将标签文字 List3 修改为"选择仓库编号"，即可完成创建列表框的任务。

单击"视图"按钮，切换到窗体视图，可见创建的列表框如图 6-44 所示。

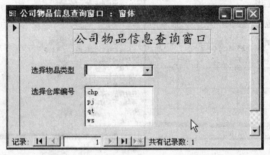

图 6-44　添加列表框后的窗体

（6）使用向导创建选项组控件

选项组控件可以提供一组选项，方便用户选择。下面在窗体上创建包含"组装、购买"选项的选项组。

① 启动选项组控件向导。

单击"控件向导"按钮，再单击"选项组"按钮，在窗体上单击要放置选项组左上角的位置，启动选项组控件向导，打开图 6-45 所示的"选项组向导"对话框。

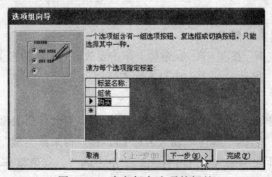

图 6-45　确定每个选项的标签

② 回答向导提问。

- 确定每个选项的标签，这里输入"组装"与"购买"，如图 6-45 所示。
- 确定作为默认值的选项，这里选择"购买"，如图 6-46 所示。

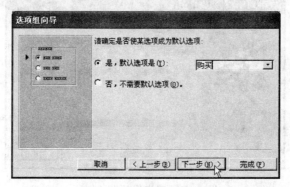

图 6-46　确定默认选项

- 为每个选项赋值，如图 6-47 所示，这里选择的是系统的默认值。该值是选择选项时保存在内存中的实际值，这里为"组装"的选项赋值 1，为"购买"的选项赋值 2。

（为了查询"物品"表需要，可将"物品"表中制购类型的字段值"组装"改为 1，"购买"改为 2）。

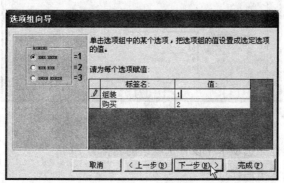

图 6-47　确定每个选项的值

- 确定选项组使用的控件类型，选择"选项按钮"单选按钮，如图 6-48 所示。

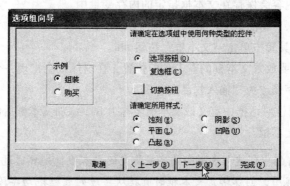

图 6-48　确定选项组中使用的控件

- 确定选项组的标题，这里输入"制购类型"，如图 6-49 所示，最后单击"完成"按钮，结束向导提问。

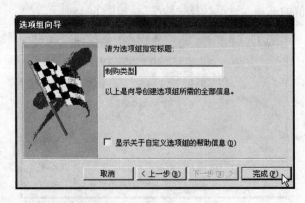

图 6-49   确定选项组的标题

向导得到所需信息后，自动创建选项组，可在窗体视图中看到图 6-50 所示的选项组。

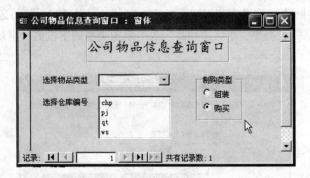

图 6-50   创建了选项组的窗体

在属性对话框"其他"选项卡中设置选项组的名称为 F1。

（7）在窗体中创建文本框控件

文本框有两种类型：一种是前面通过自动方式与向导方式创建的窗体中自动添加的绑定型的文本框，即与某个表或查询中的字段绑定在一起的文本框；另外一种是未绑定的文本框，可以输入任意文本，其文本内容会保存在文本框指定的内存变量中。

下面创建一个输入"物品编号"的未绑定的文本框。

① 在窗体设计工具箱中单击"文本框"按钮 **ab**。

② 在窗体上单击要放置文本框的左上角的位置，在窗体上会出现一个带有附加标签的文本框，将附加标签的文字修改为"输入物品名称"。

③ 在"文本框"属性对话框中定义该文本框名称为 B1，添加文本框后的窗体如图 6-51 所示。同样方式可添加多个文本框。

注意：如果要在窗体中创建与表或查询字段绑定的文本框，先要通过窗体的"数据源"属性添加表或查询到设计视图，创建绑定文本框时直接从字段列表框拖动字段到窗体即可。

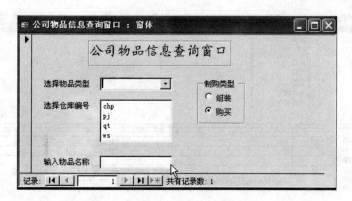

图 6-51　添加文本框的窗体

2．根据窗体控件创建查询对象

为了使窗口具有查询数据的功能可先创建一个包含窗体控件的查询对象。

【操作实例 9】创建包含窗体控件查询对象 "物品信息组合模糊查询"。

操作步骤：

① 打开查询设计视图，添加 "物品" 表。

② 选择查询目标字段 "物品编号"、"名称"、"物品类型"、"制购类型"、"日期"、"当前库存量"、"仓库编号" 等。

③ 在 "物品名称" 字段的 "条件" 单元格中输入 "Like [Forms]![公司物品信息查询窗口]![B1] & "*""。

注意：Like 为特殊运算符，指定查询字段中哪些数据，并可查找满足部分条件的数据，例如 like "张"，指定查找姓名字段中姓张的记录。"*" 为一个或多个任意字符的匹配符。& 为字符连接符，将文本字符连接起来，其与匹配符 "*" 连接，能够在文本框为空白时按 * 进行查询，即可查询所有记录。

④ 在 "仓库编号" 字段的 "条件" 单元格中输入 "Like [Forms]![公司物品信息查询窗口]![L1] & "*""。

⑤ 在 "物品类型" 字段的 "条件" 单元格中输入 "Like [Forms]![公司物品信息查询窗口]![C1] & "*""。

⑥ 在 "制购类型" 字段的 "条件" 单元格中输入 "Like [Forms]![公司物品信息查询窗口]![F1] & "*""。

⑦ 在 "日期" 字段的 "条件" 单元格中输入 "Like [Forms]![公司物品信息查询窗口]![B2] & "*""。

⑧ 在 "当前库存量" 字段的 "条件" 单元格中输入 "Like [Forms]![公司物品信息查询窗口]![B3] & "*""。

保存该查询为 "物品信息组合模糊查询"，即完成了根据窗体控件创建查询的任务，创建的查询如图 6-52 所示。因为本查询包含窗体控件的数据，必须在窗体控件输入数据后才可以运行。

注意：在查询设计器中，说明窗体名称、控件名称要加 [ ]，窗体名称前还要加 [Forms]! 表示为表单类。例如，[Forms]![公司物品信息查询窗口]![B1]。

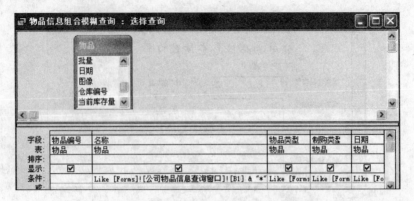

字段:	物品编号	名称		物品类型	制购类型	日期
表:	物品	物品		物品	物品	物品
排序:						
显示:	☑	☑		☑	☑	☑
条件:		Like [Forms]![公司物品信息查询窗口]![B1] & "*"		Like [Forms	Like [Form	Like [Fo
或:						

图 6-52　包含窗体控件的查询对象

3．在窗体中创建命令按钮控件

在窗体上要控制其他数据库对象，则要使用命令按钮。

【操作实例 10】在窗体上创建一个运行查询对象的命令按钮控件。

操作步骤：

（1）启动命令按钮向导

按下"控件向导"按钮，单击"命令按钮"按钮，在窗体上单击要放置命令按钮左上角的位置，将启动命令按钮向导，打开图 6-53 所示的"命令按钮向导"对话框。

（2）回答向导提问

① 确定单击按钮时要进行的操作。

在"类别"栏选择"杂项"，在"操作"栏选择"运行查询"，如图 6-53 所示，单击"下一步"按钮。

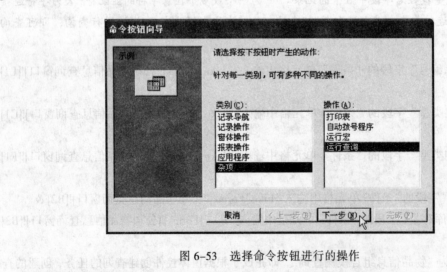

图 6-53　选择命令按钮进行的操作

② 确定命令按钮运行的查询。

在"请确定命令按钮运行的查询"列表框中会列出所有已经创建的查询，这里选择刚创建的"物品信息组合模糊查询"选项，如图 6-54 所示。

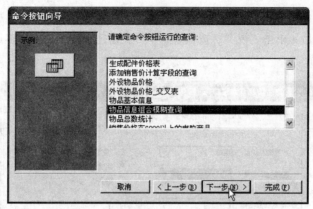

图 6-54 选择命令按钮运行的查询

③ 确定命令按钮上显示什么文本或者图片。

在对话框中选择"文本"单选按钮，在文本框中输入文本"运行查询"，如图 6-55 所示。

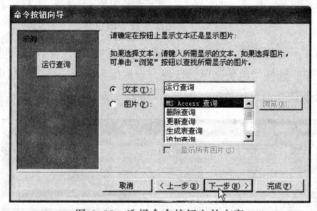

图 6-55 选择命令按钮上的文字

④ 确定命令按钮的名称。

这里指定命令按钮的名称为 xc1，如图 6-56 所示。最后单击"完成"按钮，结束向导的提问，在窗体中可看到创建的命令按钮控件，如图 6-57 所示。

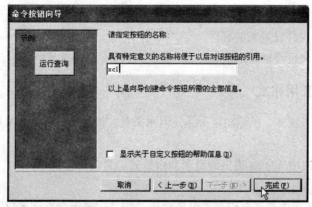

图 6-56 选择命令按钮的名称

（3）在窗体视图中浏览窗体

所有控件都创建后，单击“视图”按钮，可在窗体视图下浏览窗体运行时各控件的真实模样，如图 6–57 所示。

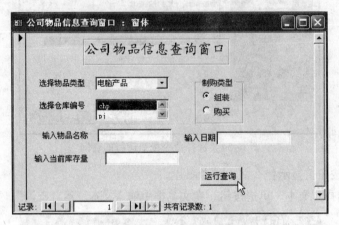

图 6–57 添加命令按钮的窗体

在不同控件中输入不同的数值，然后单击“运行查询”按钮，会出现不同的查询结果。例如，选择“电脑产品”选项，选择“组装”单选按钮，仓库编号选择 chp，然后单击“运行查询”按钮，可看到根据组合条件查询出的数据，如图 6–58 所示。

物品信息组合模糊查询 ： 选择查询

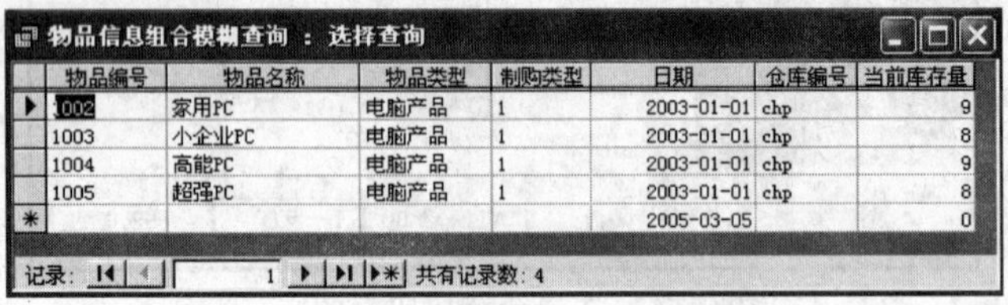

物品编号	物品名称	物品类型	制购类型	日期	仓库编号	当前库存量
1002	家用PC	电脑产品	1	2003-01-01	chp	9
1003	小企业PC	电脑产品	1	2003-01-01	chp	8
1004	高能PC	电脑产品	1	2003-01-01	chp	9
1005	超强PC	电脑产品	1	2003-01-01	chp	8
*				2005-03-05		0

记录：1 共有记录数：4

图 6–58 组合查询出的数据

6.6 美化完善窗体

对于前面以不同方式创建的窗体，都可以在窗体设计视图中对它们进行美化、修改或向窗体中添加新的控件、对控件设置新的属性。

本节介绍如何美化已经创建的窗体对象。

6.6.1 使用自动套用格式

上面创建的自定义窗体，虽然功能很强，但不美观。如果要使它更加美观、漂亮，需要进一步地修改和完善。

【操作实例 11】 使用 Access 提供的自动套用格式，自动美化窗体。

操作步骤：

① 在窗体设计视图中打开要修改的窗体对象“物品信息组合查询窗口”。

② 在主窗口菜单栏上选择“格式”→“自动套用格式”命令，将打开图 6–59 所示的“自动

套用格式"对话框（在窗体向导中曾经看到过该对话框）。

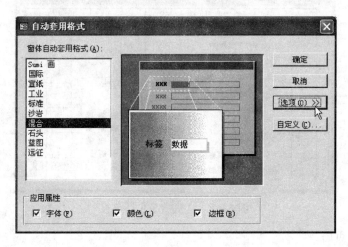

图 6-59　"自动套用格式"对话框

③ 单击对话框上的"选项"按钮，会在对话框下方出现一个"应用属性"选项组，在这里可以选择将哪些属性应用到窗体中，默认是全选，将会根据格式的定义设置窗体中的字体、颜色、边框，如果选择默认值，直接单击"确定"按钮。

自动套用格式后的窗体如图 6-60 所示。

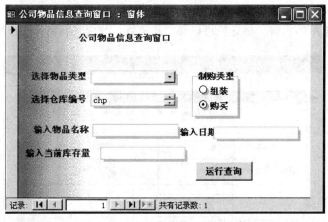

图 6-60　自动套用格式后的窗体

6.6.2　自行美化窗体

自动套用格式美化窗体是一种固定的模式，如果希望按照自己的构思美化窗体，需要自己动手通过设置窗体的属性，改变窗体的背景颜色、文字的字体等来美化窗体。

1．为窗体添加背景颜色

在打开的窗体设计视图中，在窗体的空白处右击，在弹出的快捷菜单中选择"填充/背景色"命令，在调色板中可以选择窗体背景使用的颜色，如图 6-61 所示。

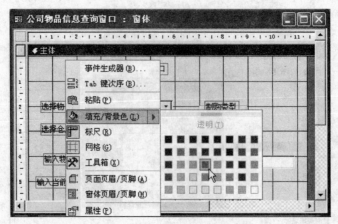

图 6-61　填充/背景色调色板

2．添加窗体页眉

使用窗体页眉节可以给窗体添加标题，使窗体布局更合理。添加窗体页眉的方法如下：

① 在打开的窗体设计视图中，在窗体空白处右击，在弹出的快捷菜单中选择"窗体页眉/页脚"命令，窗体会出现窗体页眉与页脚节。

② 选择标签文字"物品信息组合查询窗口"，按【Ctrl＋X】组合键，将标签剪切到剪贴板。

③ 在窗体页眉节适当位置单击，然后按【Ctrl＋V】组合键，将标签文字粘贴到窗体页眉节中，如图 6-62 所示。

④ 选择"窗体页眉/页脚"标题栏可以移动其位置，改变其在窗体中占用的面积。

图 6-62　填充背景色并添加窗体页眉后的窗体

3．添加当前日期和时间

在窗体设计视图中，在菜单栏选择"插入"→"日期和时间"命令，会出现图 6-63 所示的"日期与时间"对话框，可选择"包含日期"与"包含时间"复选框，并可选择显示样式，单击"确定"按钮后，日期和时间会插入在窗体页眉中或窗体主体中。

4．修改窗体属性

通过设置窗体属性可改变窗体外观，例如去掉窗体下方的记录选定器等，设置窗体属性的方法如下：

① 在窗体标题栏右击，在弹出的快捷菜单中选择"属性"命令，或者单击工具栏上的"属性"按钮，打开图 6-64 所示的"窗体"属性对话框。

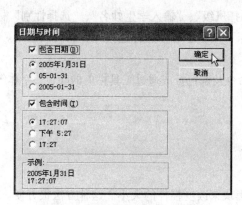

图 6-63 "日期与时间"对话框

图 6-64 "窗体"属性对话框

② 在"窗体"属性对话框中，选择"记录选定器"属性为"否"、"导航按钮"属性为"否"、"分隔线"属性为"否"。可看到改变窗体属性后的窗体界面，如图 6-65 所示。

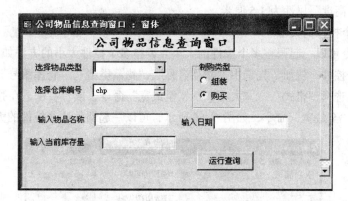

图 6-65 修改窗体属性后的窗体

6.6.3 美化完善窗体中的控件

1．调整控件的位置

如果控件的位置不合适，可以选中控件将其移动到合适的位置。

（1）选中控件

单击控件可一次选中一个控件及附加标签。按住鼠标在多个控件上画框可一次选中多个控件。按住【Shift】键可以同时选中多个控件。

（2）移动控件

将鼠标放在选中的控件上，当鼠标形状为一个张开的小手形时，可以一起移动选中的控件到新的位置。当选中多个控件时，将鼠标移到某个控件的左上角，当小手变成半握拳形状时按住左键将只移动该控件。

2．修改标签文字、添加特殊效果、改变标签字体与颜色

（1）修改标签文字

选中标签并单击，可修改标签文字。

（2）添加特殊效果

按住【Shift】键，同时选中"课程名称"、"选择班级"、"输入学生姓名"、"选择性别"标签控件，右击，在弹出的快捷菜单中通过"特殊效果"菜单中可以选择这些标签的特殊效果。

（3）改变标签字体与颜色

在弹出的快捷菜单中通过"字体/字体颜色"命令及调色板或通过工具栏上的颜色、字体等按钮可为这些标签文字同时选择一种颜色或字体。

3．改变控件的大小

（1）改变单个控件大小

① 手动调整控件大小。

选中控件，然后在不同方向拖动选中控件的黑块来改变控件的大小。这种方法很方便。

② 通过属性对话框调整控件大小。

选中控件，打开"控件"属性对话框，设置其"宽度"、"高度"属性，改变控件的大小。这种方法更精确。例如，在"运行查询"命令按钮属性对话框的"格式"选项卡下，设置"宽度"属性为 2 厘米、"高度"属性为 1.5 厘米。

（2）调整多个控件的大小

通过菜单命令可以一起调整多个控件的大小。调整多个控件大小的方法如下：

① 选中多个控件，例如，先选中"物品名称"、"物品类型"、"仓库编号"等多个控件。

② 在菜单栏选择"格式"→"大小"→"至最宽"命令，或者右击，在弹出的快捷菜单中选择"大小"→"至最宽"命令，如图 6-66 所示，可以一起调整这些控件的大小。

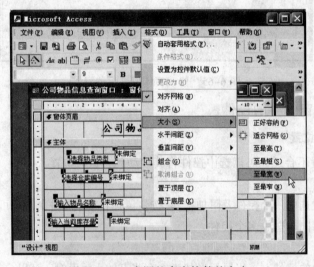

图 6-66　一次调整多个控件的大小

4．对齐控件

不仅可以一起调整多个控件的大小，还可以将多个控件按不同方位对齐。对齐多个控件的方法如下：

① 选中"物品名称"、"物品类型"、"仓库编号"等多个控件。

② 在菜单栏选择"格式"→"对齐"→"靠左"命令，或者右击，在弹出的快捷菜单中选择"对齐"→"靠右"命令，即可对齐这些控件。

在菜单栏选择"格式"→"垂直间距"或"水平间距"→"相同"命令，可以一次调整选中的多个控件之间的垂直间距、水平间距。

5．组合控件

将多个控件可以组合在一起作为一体的组合对象，方法如下：

① 选中多个控件。

② 在菜单栏选择"格式"→"组合"命令，即可将多个控件组合成一个对象。

组合起来的控件对象可以一起移动。组合的对象可通过选择"取消组合"命令将它们分解。

6．添加矩形控件

在窗体中添加一个矩形，可将输入查询条件的控件组织在一起，并为其设置一种背景色：淡蓝色。方法如下：

① 在工具箱单击"矩形"按钮 ▢，在窗体上拖动矩形框，框住控件。

② 右击，在弹出的快捷菜单中选择"填充"→"背景色"命令，在调色板中选择淡蓝色。

③ 在菜单栏选择"格式"→"置于底层"命令，将矩形控件放在这些控件的底层，如图 6-67 所示。

7．插入图片

在窗体上添加图片可以使窗体更漂亮。插入图片的方法如下：

① 单击工具箱上的"图像"按钮。

② 在添加图片的位置单击并拖动出添加图片的位置大小。

③ 在打开的"插入图片"对话框中选择一个图片文件（要事前准备好使用的图片），关闭对话框，即可将图片插入到指定的位置。

另外，可将图片作为窗体主体、其他控件的背景，选中图像控件，在菜单栏选择"格式"→"置于底层"命令，将图片放在控件下层，插入图片的窗体如图 6-67 所示。

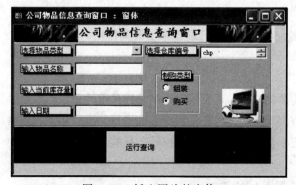

图 6-67　插入图片的窗体

6.6.4 修改窗体控件属性

1. 修改控件默认值

在"公司物品信息查询窗口"窗体中，有一个问题，就是"制购类型"有一个默认值，这样每次查询数据时，必须按不同的物品类型来查询而不能查询所有物品的记录。能不能去掉这个默认值呢？要解决这个问题，要修改其属性。修改属性是修改所有控件、窗体的主要方法。修改选项组默认值的方法如下：

① 在窗体设计视图中，选中 F1 选项组。

② 右击，在弹出的快捷菜单中选择"属性"命令，打开属性对话框，从中选择"全部"选项卡，将"默认值"原来的 2 删除，如图 6-68 所示。

再打开窗体就没有默认值选项了。

图 6-68　修改选项组默认值属性

2. 设置控件【Tab】键的顺序

在窗体运行过程中，可使用【Tab】键控制光标从控件上移动的顺序。设置【Tab】键顺序只要打开"控件"属性对话框，在"其他"选项卡中定义"Tab 键索引"属性，输入的数字会决定光标移动的顺序。可从 0 开始排列，例如，可为控件 C1 设置 0、B1 为 1、B3 为 2、 B2 为 3。

控件的属性有很多，可以分别进行设置来了解其作用。

6.6.5 删除控件

如果窗体中有不需要的控件，可删除它。删除控件很简单，选中控件，按【Delete】键即可。但如果删除的控件与查询对象有关，要注意对查询进行修改，例如，删除"公司物品信息查询窗口"窗体中的 L1 列表框控件及"输入仓库编号"标签，还需要将查询中"仓库编号"字段下条件中的表达式删除掉。

美化完善后的窗体如图 6-69 所示。

现在可以使用"公司物品信息查询窗口"窗体进行各种查询了，如果什么都不选择，可以查询所有物品的情况；可以选择一种条件查询，也可以任意组合两个或三个条件进行查询，非常方便。按名称查询时，可以只输入名称的前面几个字符或文字进行模糊查询。

图 6-69　美化完善后的窗体

小结与提高

1．窗体的作用

通过对本章的学习要了解窗体的作用，它是用于输入和显示数据库中数据的对象，是人机交互的接口，是组成 Access 数据库应用系统的界面，是用户对数据库进行操作的界面。因此，在开发数据库应用系统中窗体对象是主要的组成元素。如果要建立数据库应用系统必须掌握窗体的创建方法和使用方法。

2．窗体的分类

要创建窗体对象，先要了解有哪些类型的窗体对象。通过本章的学习要认识 Access 提供的七种类型的窗体，它们是：纵栏式窗体、表格式窗体、主/子窗体、数据表窗体、图表窗体、数据透视图窗体、数据透视表窗体，它们各有不同的功能和特点。

纵栏式窗体可通过窗口完整查看并维护表或查询中所有字段和记录。一般用于输入数据库中的数据，作为用户输入信息的界面，它能提高输入效率、保证数据安全输入。

表格式窗体通过窗口可一次显示表或查询中所有的字段和记录，可用于显示数据，或输入数据，作为显示或输入多条记录数据的界面。

数据表窗体通过窗口以行与列的格式显示每条记录的字段，即每个记录显示为一行，每个字段显示为一列，字段的名称显示在每一列的顶端，与数据表视图中显示的表一样。一般作为显示表或查询中所有记录数据的界面。

主/子窗体也称为阶层式窗体、主窗体/细节窗体或父窗体/子窗体。主/子窗体由两个窗体构成，其主要特点是可以将一个窗体插入到另一窗体中。插入窗体的窗体称为主窗体，插入的窗体称为子窗体。

图表窗体是通过窗体将数据用图表显示出来，Access 提供有多种图表，包括折线图、柱形图、饼图、环形图、面积图、三维条形图等。图表窗体具有图形直观的特点，可形象地说明数据的特点、变化趋势。

数据透视图窗体可以在窗体中对数据进行计算，窗体用图形显示列和行数据与总计数据。

数据透视表窗体可以在窗体中对数据进行计算，窗体按列和行显示数据，并按行和列统计总计数据。

根据窗体的样式特点，Access 还将窗体分为：单个窗体、连续窗体、弹出式窗体、自定义窗体，可在窗体属性中定义它们的样式。

3．创建窗体的方法

创建窗体是本章的重点内容，通过对本章的学习要掌握三种创建窗体的方式，它们是：自动创建、通过向导和利用设计器创建。

自动创建窗体的方式有两类：一种是自动窗体方式，另一种是自动创建窗体方式。它们有一个共同点，就是只能基于一个表或查询创建。如果数据来自多个表或查询，要先创建一个多表查询，再根据多表查询自动创建窗体。

使用窗体向导可以创建基于多个表或查询的窗体。创建过程分为三步：启动向导，回答向导提问，自动创建窗体。通过向导可以创建主/子窗体、图表窗体等较复杂的窗体。

通过设计器可以创建功能强大的窗体。通过设计器创建窗体可以从自定义窗体开始，即在一个空白窗体上添加各种需要的控件得到需要的窗体，也可以在一个使用向导或自动方式创建好的窗体上使用设计器对其进行修改而得到需要的窗体。

4．美化完善窗体

使用不同方式创建的窗体，都可以在设计视图中进行美化和完善，包括添加背景颜色，修改标签字体、大小、颜色，添加线条、矩形、填充色，插入图片，可以通过设置窗体属性来美化完善窗体的样式和功能。

对于窗体中的控件，可以通过修改其属性来完善其功能与样式。

通过对本章的学习，要掌握修改窗体属性与控件属性的方法。

思考与练习

一、问答题

1．窗体有什么作用？

2．有哪些常见的窗体类型？各有什么特点？

3．在 Access 数据库中窗体有哪几种视图？各有什么特点？

4．在 Access 数据库中有哪几种创建窗体的方式？各有什么特点？

5．什么是控件？有哪些种类的控件？

6．控件有什么作用？

7．控件有哪些常见的属性？

8．窗体有哪些常用的属性？

9．标签控件有哪些常用的属性？

二、上机操作

1. 打开"物品"表，使用自动窗体方式创建一个输入物品数据的纵栏式窗体，保存为"库存物品信息维护窗口"。

2. 使用自动创建窗体方式创建"供应商基本信息维护窗口"、"客户基本信息维护窗口"。

3. 根据"汇科电脑公司数据库"创建显示当前物品库存量的图表窗体"不同类型物品当前库存量图表显示"。

4. 根据"汇科电脑公司数据库"创建主/子窗体"查询供应商物品价格"，根据供应商显示其提供的物品及价格信息。

5. 根据"汇科电脑公司数据库"创建自定义窗体"库存物品信息查询窗口"，能按不同方式组合查询仓库物品的信息。

第 **7** 章 | 在 Access 中创建报表与页

学习目标

- ☑ 了解报表的类型
- ☑ 能够使用向导创建报表
- ☑ 能够使用设计器创建报表
- ☑ 能够在报表中进行计算和汇总
- ☑ 了解数据访问页
- ☑ 能够使用自动方式创建数据访问页
- ☑ 能够使用向导创建数据访问页

7.1　报表的作用

用窗体在屏幕上显示数据效果很好，但有时要把数据输出打印在纸上，如果仍然使用窗体中显示的格式效果就不一定理想了，如何处理数据的打印格式呢？Access 提供了报表对象，用它来完成定义数据打印在纸上的格式及打印在纸上的任务。

报表对象是 Access 数据库的主要对象之一，其主要作用是显示经过格式化且分组的数据，并将它们打印出来。表、查询或 SQL 语句为报表对象提供数据源，还有一些数据是在报表设计过程中产生并保存的，例如，汇总数据。报表中所有的数据都绑定在相应的控件中，例如标签、文本框，使用控件显示数据，使用控件将报表与数据源连接在一起。

报表对象和窗体对象有许多相似之处：创建方式基本相同，可使用向导、设计器来创建；添加控件的方式相同；美化对象的方式也相同。不同之处是，窗体将数据输出在屏幕上，报表将数据输出在纸上；窗体可以和用户进行交互，报表不能与用户交；窗体的目的是显示与交互，报表的目的是浏览与打印。

报表作为查阅和打印数据的一种方法，具有以下优点：

① 报表不仅可以执行数据浏览和打印功能，还可以对大量原始数据进行比较、汇总和小计。

② 报表可以美化，从而可以打印出美观、大方的各种报表、图表与图形。

③ 报表可以生成清单、订单、发票及用户需要的其他输出形式，从而灵活、多样地表达数据与数据之间的联系。

7.2　报表的类型

要想创建一个界面友好、功能强大的报表，先要了解 Access 中有哪些报表类型，它们各有什么功能、特点，以便在使用中根据不同需要使用不同类型的报表，做到事半功倍。

本节的主要内容是了解 Access 提供的纵栏式报表、表格式报表、图表报表、标签报表，并了解它们的功能和特点。

1. 纵栏式报表

纵栏式报表每行显示一个字段，并且左边带有一个标签（字段名），如图 7-1 所示。

特点：创建方法简单，可完整显示表或查询对象中所有字段和记录。

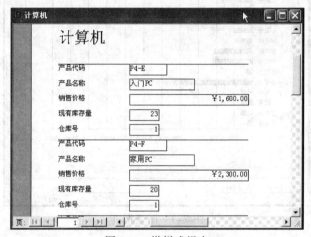

图 7-1　纵栏式报表

2. 表格式报表

表格式报表每行显示一条记录的所有字段，字段名显示在报表的顶端，如图 7-2 所示。

特点：可一次显示表或查询对象的所有字段和记录，一般用于浏览查询的数据结果。

图 7-2　表格式报表

3. 图表报表

图表报表是用图表表示数据表示，如图 7-3 所示。Access 提供了多种图表，包括折线图、柱形图、饼图、环形图、面积图、三维条形图等。

特点：利用图形对数据进行统计，可显示并打印出图表，可美化报表，使信息更直观。一般用于显示或打印统计、对比的数据。

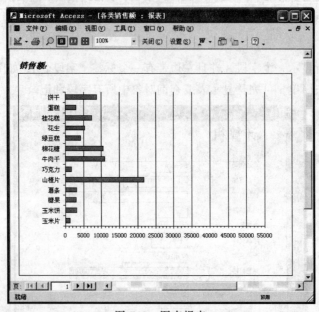

图 7-3 图表报表

4. 标签报表

标签报表是将数据表示成邮件标签，如图 7-4 所示。

特点：可打印大批量的邮件标签。

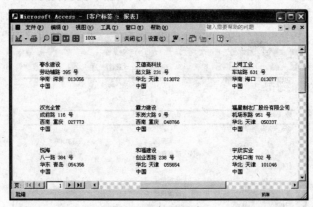

图 7-4 标签报表

5. 自定义报表

自定义报表是按照用户要求自己设计的报表。

特点：可以创建美观、满足用户不同功能要求的报表。

7.3　使用自动方式创建报表

如同创建窗体对象一样，报表对象可以通过不同方式来创建，可使用自动方式、向导、设计器等。本节介绍如何使用自动方式创建报表对象。

7.3.1　自动报表

自动报表是 Access 提供的创建报表的快捷工具。

【操作实例 1】通过"自动报表"工具，根据"配件价格"表创建"配件价格"纵栏式报表对象。

操作步骤：

① 打开"配件价格"表。

② 单击工具栏上的"自动报表"按钮 ，如图 7–5 所示，即可创建图 7–6 所示的报表对象。

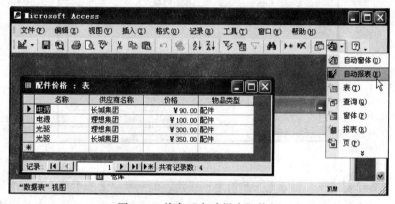

图 7–5　单击"自动报表"按钮

③ 保存报表对象为"配件价格"。

这种方式创建的报表只有详细记录，没有报表标题或页眉和页脚。

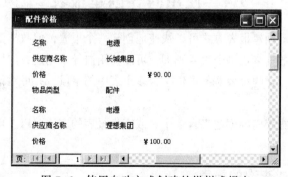

图 7–6　使用自动方式创建的纵栏式报表

7.3.2　自动创建报表

自动创建报表方式需要回答报表的类型、创建报表的表或查询的名称两个问题，即可创建出报表。

【操作实例 2】通过"自动创建报表"方式，根据"外设物品价格"表创建"外设价格"表格式报表对象。

操作步骤：

① 在数据库窗口的"对象"栏选择"报表"对象，如图 7-7 所示。

② 单击数据库窗口工具栏上的"新建"按钮，在打开的"新建报表"对话框中选择"自动创建报表：表格式"，如图 7-7 所示。

③ 在"请选择该对象数据的来源表或查询"下拉列表框中选择查询"外设物品价格"，如图 7-7 所示，单击"确定"按钮，即可创建图 7-2 所示的表格式报表。

④ 保存报表为"外设价格"。

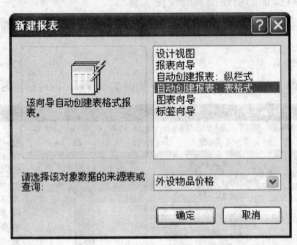

图 7-7　创建表格式报表的方法

注意： 使用自动创建报表的方式虽然简单、快捷，但一般都是基于单个表或查询创建的，如果要创建基于多个表或查询的数据，要先创建一个查询，再根据这个查询来创建报表。另外，自动创建报表主要用来创建纵栏式、表格式报表。

7.4　使用向导创建报表

虽然自动报表和自动创建报表方式可以快速地创建一个报表，但数据源只能来自一个表或查询。如果希望报表中的数据来自多个表或查询，可以使用向导来创建，向导可以根据用户的回答来创建所需要的报表，创建的报表对象可以包含多个表中的字段，并可对记录分组、排序、计算各种汇总数据。

本节介绍如何通过报表向导创建来自多个表或查询报表的方法，以及创建图表报表和标签报表的方法。

7.4.1　基于多个表或查询的报表

创建基于多个表或查询报表要先为它们建立关系，然后才能创建基于这些表和查询的报表。

【操作实例 3】创建基于表"客户"、"客户与物品"、"物品"的"物品销售价格"报表。

操作步骤：

（1）启动报表向导

① 启动 Access，打开"汇科电脑公司数据库"数据库。

② 在数据库窗口的"对象"栏选择"报表"对象。

③ 双击"使用向导创建报表"创建方法，启动报表向导，打开"报表向导"对话框，如图 7-8 所示。

（2）回答向导提问

① 确定报表上使用字段。

● 在"表/查询"下拉列表框中选择"物品"表。

● 在"可用字段"列表框中选择"物品编号"、"名称"、"物品类型"、"当前库存量"字段到"选定的字段"框中。

● 在"表/查询"下拉列表框中选择"客户与物品"表。

● 选择"销售价格"字段到"选定的字段"框中。

● 选择"客户"表中的"客户名称"字段到"选定的字段"框中，结果如图 7-8 所示。

● 选择所有字段后，单击"下一步"按钮。

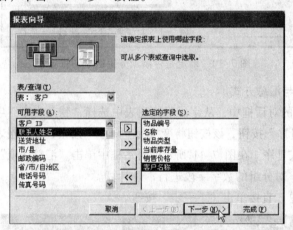

图 7-8 "报表向导"对话框

② 确定在报表上查看数据的方式。

在"请确定查看数据的方式"栏中选择"通过客户"方式（见图 7-9），然后单击"下一步"按钮。

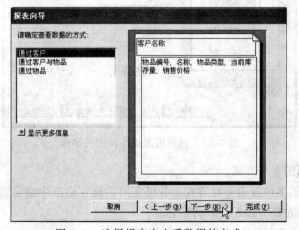

图 7-9 选择报表中查看数据的方式

③ 确定报表是否使用分组级别。

如果要分组，可选择分组的字段，双击选定的分组字段，分组的样式会出现在右边的预览方框中。这里不选择分组级别，直接单击"下一步"按钮，如图 7-10 所示。

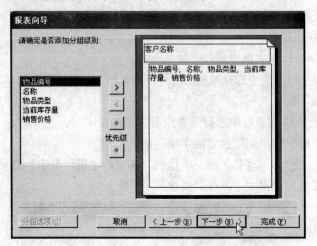

图 7-10　确定是否添加分组级别对话框

④ 确定报表排序与汇总方式。

- 在图 7-11 所示的对话框中，从字段下拉列表中选择"物品类型"字段。
- 单击右边的"升序"按钮，该按钮将变换为"降序"按钮，表示报表中的数据将按"物品类型"降序方式排序。在图 7-11 所示的对话框中单击"汇总选项"按钮，可打开"汇总选项"对话框，对分组的数字字段进行汇总计算。
- 这里不进行汇总，直接单击"下一步"按钮。

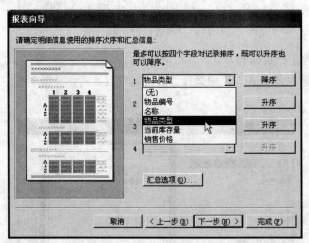

图 7-11　选择报表排序使用的字段

⑤ 确定报表使用的布局方式。

向导对话框提供了多种报表布局方式，并可在对话框左边框中浏览选择的报表布局方式。图 7-12 显示了"块"布局方式及"纵向"方向。

选择报表布局方式后，单击"下一步"按钮。

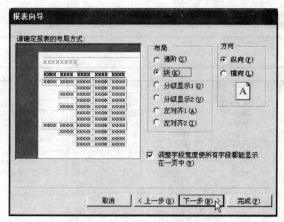

图 7-12　选择报表的布局方式

⑥ 确定报表使用的样式，选择"紧凑"样式，如图 7-13 所示。

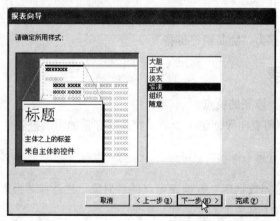

图 7-13　选择报表的样式

⑦ 确定报表使用的标题。

回答以上问题后，只要回答报表使用的标题即可结束向导提问，这里输入"物品销售价格"，如图 7-14 所示。单击"完成"按钮，可看到向导创建的报表对象，如图 7-15 所示。

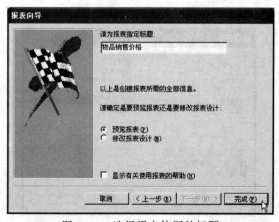

图 7-14　选择报表使用的标题

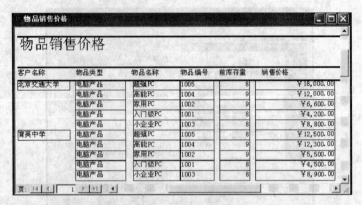

图 7-15　通过向导创建的报表

　　如果向导创建的报表不够理想，可以单击工具栏上的"设计"按钮 ，切换到报表设计视图中进行修改。

　　（3）保存该报表对象

　　将上述报表对象保存为"物品销售价格"。

7.4.2　创建图表报表

　　图表报表具有直观、漂亮的特点。

　　【操作实例 4】使用图表向导创建一个显示物品库存量的图表报表。

　　操作步骤：

　　（1）启动图表向导

　　① 在"汇科电脑公司数据库"数据库窗口的"对象"栏选择"报表"对象。

　　② 单击数据库窗口工具栏上的"新建"按钮。

　　③ 在"新建报表"对话框中选择"图表向导"，如图 7-16 所示，将启动图表向导。

　　（2）回答向导提问

　　① 确定数据来源。

　　可在"请选择该对象数据的来源表或查询"下拉列表框中选择表或查询名称，这里选择"物品"表，如图 7-16 所示。

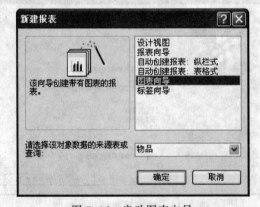

图 7-16　启动图表向导

② 确定用于图表中的字段。

在"可用字段"栏中选择"物品类型"、"当前库存量"字段，添加到"用于图表的字段"栏中，如图 7-17 所示。

③ 确定图表使用的类型。

向导对话框中显示了 Access 提供的 20 种图表供用户选择，按下图表按钮，即可选择该图表类型。

* 按下"圆环图"图表按钮，选择圆环图图表，如图 7-18 所示。
* 单击"下一步"按钮。

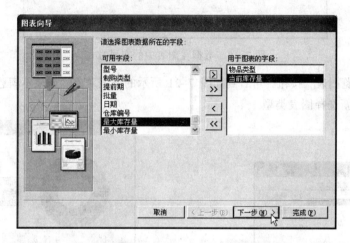

图 7-17　选择图表中使用的字段

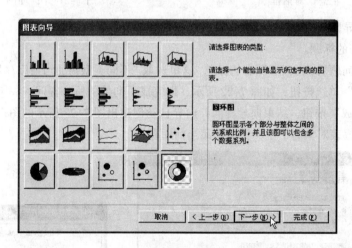

图 7-18　选择图表使用的类型

④ 确定数据在图表柱的布局方式。

在向导对话框中可看到默认的数据布局方式，圆环上显示"求和当前库存量"的数值，不同颜色的环体显示"物品类型"数值，如图 7-19 所示。

* 在"求和当前库存量"示例框上双击，可打开如图 7-20 所示"汇总"对话框，可在框中重新选择总计方式。

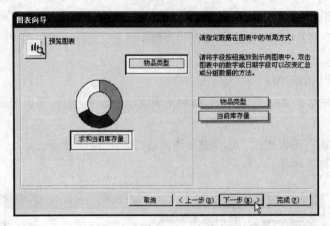

图 7-19 数据在图表中的布局方式

- 单击"预览图表"按钮，可看到如图 7-21 所示的图表对象。如果不满意，可以退回到上一步，重新选择图表类型。

图 7-20 "汇总"对话框

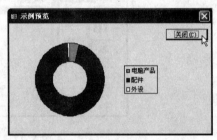

图 7-21 "圆环图"图表

这里选择向导默认的布局方式和汇总方式，直接单击"下一步"按钮。

⑤ 确定图表的标题。

- 回答以上问题后，再回答图表的标题，这里选取"不同类型物品当前库存量"，并选择"是，显示图例"单选按钮，如图 7-22 所示，即完成了向导的所有提问。
- 单击"完成"按钮，结束向导提问。向导自动创建出图 7-23 所示的图表报表。

（3）保存该报表对象为"不同类型物品当前库存量"

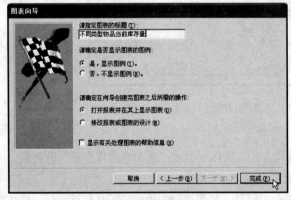

图 7-22 选择图表标题

图 7-23 通过向导创建的图表

7.5　在设计视图中创建报表

与其他设计视图相同，使用报表设计视图可以从无到有地创建报表，也可以在设计视图中对已有的报表进行编辑与修改生成新的报表对象。

本节介绍如何在报表设计视图下创建主/子报表与自定义报表。

7.5.1　认识报表设计视图

1. 打开报表设计视图

① 启动 Access，打开"汇科电脑公司数据库"数据库。

② 在数据库窗口的"对象"栏选择"报表"对象。

③ 双击"在设计视图中创建报表"创建方法，将在设计视图下打开一个"报表 1"空白报表对象，如图 7-24 所示。

报表在设计视图中有很多的网格线和标尺。如果不希望它们出现，可在菜单栏选择"视图"→"标尺"/"网格"命令，它们就会消失。

报表分为五个节，代表着报表中不同的区域。通过放置控件，例如标签、文本框等来确定在每一节中显示内容的位置。

根据需要可以选择报表主体以外的其他节。在菜单栏选择"视图"→"页面页眉/页脚"/"报表页眉/页脚"命令，可以显示或取消报表的其他节。

图 7-24　报表设计视图

注意：窗体有窗体、设计和数据表三种视图，报表也有三种视图，它们是设计、打印预览、版面预览三种视图。通过工具栏上的"视图"按钮，可以在不同视图中切换。

2. 报表中节的作用

报表页眉：其内容在整个报表顶部显示一次，是对整份报表的概括，一般用于设置报表的标题、公司的徽标和打印日期。

页面页眉：其内容显示在每个打印页的顶部，可用来显示列标题等信息。

主体：该区域包含了报表数据的详细内容。报表数据源中的各条记录应放在主体节中。

页面页脚：其内容显示在每个打印页的底部，可用来显示日期或页码等信息。

报表页脚：其内容只在整个报表的底部显示，一般用来显示报表总计等内容。报表页脚虽是报表设计中的最后一个节，但显示在最后一页的页面页脚之前。

以上是报表固有的五个节，当在报表中对数据进行分组统计时，还会出现用于分组的节。

7.5.2　创建主/子报表

Access 采用主/子报表的方式将多个报表组合为一个报表。插入子报表的报表称为主报表。子报表是插入到其他报表中的报表。主报表中不仅可以插入子报表还可以插入子窗体。主报表最多可以包含两级子窗体或子报表。

创建主/子报表首先要创建出主报表，主报表可以是结合型的报表（与表或查询具有绑定关系），也可以是非结合型的报表（不与表或查询绑定）；然后在主报表上插入子报表。插入子报表有两种方法：一是在主报表上直接创建要插入的子报表；二是将已有报表作为子报表插入到主报表上（但要保证主报表与子报表之间建立了正确的关系）。

下面以实例说明在设计视图中创建主/子报表的方法。

【操作实例 5】创建一个名称为"电脑"的主报表。

操作步骤：

① 在"汇科电脑公司数据库"数据库窗口的"对象"栏选择"报表"对象。

② 使用向导创建一个包含"电脑"表字段"电脑物品编号"、"物品"表字段"物品名称"、"当前库存量"名称为"电脑"的报表对象，如图 7-25 所示，将其作为主报表。

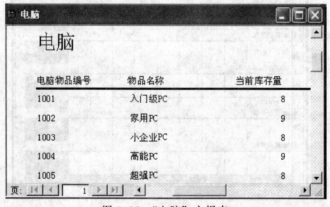

图 7-25　"电脑"主报表

【操作实例 6】在主报表上直接创建子报表。

操作步骤：

① 单击工具栏上的"设计"按钮　，将"电脑"报表从版面预览视图切换到报表设计视图，与窗体设计视图一样会出现设计工具箱，其中的控件与窗体中设计工具箱的控件是相同的。

② 单击"控件向导"按钮。

③ 单击工具箱中的"子窗体/报表"按钮 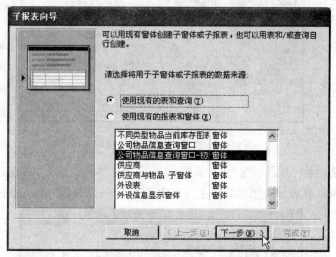，在主报表上放置子报表位置单击，将启动子报表向导，打开"子报表向导"对话框，如图 7-26 所示。

④ 在向导对话框上回答向导提问：

● 确定子报表数据来源，选择"使用现有的表和查询"单选按钮，单击"下一步"按钮，如图 7-26 所示。

图 7-26　"子报表向导"对话框

● 从表或查询中确定子报表包含的字段，选择"配件"表的字段"电脑物品编号"、"配件编号"、"配件数量"，"物品"表中的"名称"，如图 7-27 所示。

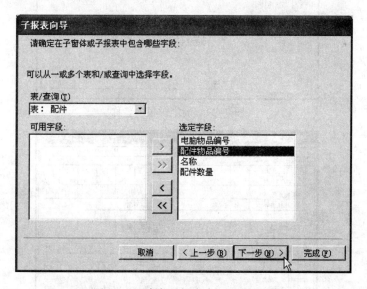

图 7-27　确定子报表中包含的字段

● 确定主报表与子报表链接字段，选择"自行定义"单选按钮，在"窗体/报表字段"与"子窗体/子报表字段"下拉列表框中选择字段"电脑物品编号"，如图 7-28 所示，然后单击"下一步"按钮。

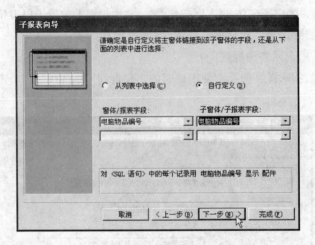

图 7-28　确定主/子报表链接的字段

- 输入子报表名称"配件子报表"，如图 7-29 所示，单击"完成"按钮，即回答了子报表向导所有提问。在设计视图可看到主报表中插入了子报表，如图 7-30 所示。

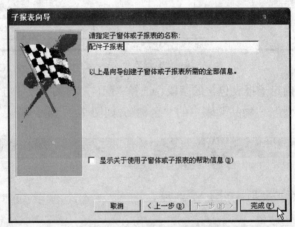

图 7-29　确定子报表名称

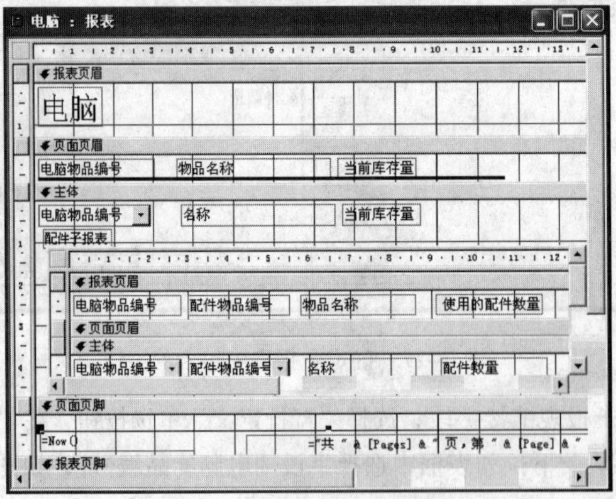

图 7-30　插入子报表的报表

● 浏览添加子报表的报表。

单击"视图"按钮 ，可在版面预览视图中浏览主/子报表，如图 7-31 所示。

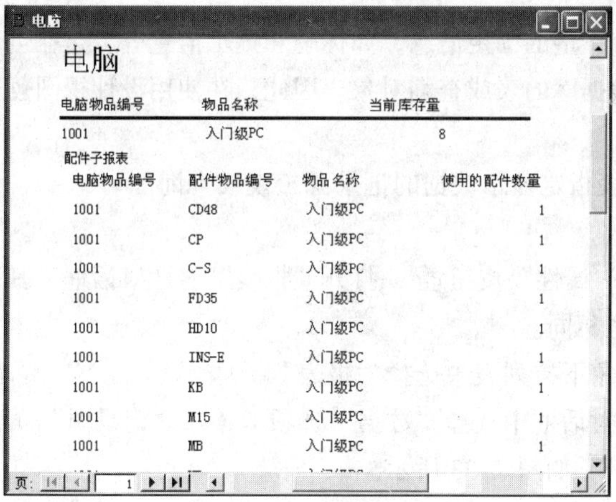

图 7-31　主/子报表

如果觉得报表不够完美，可以返回设计视图对其进行修改，如同在窗体设计视图中修改窗体一样。

7.5.3　创建自定义报表

下面创建一个自定义报表，从中了解报表对象如何与窗体对象、查询对象结合在一起，如何在报表上显示表或查询对象中的数据，如何在窗体对象中打开报表对象，了解从无到有创建报表对象、使用报表对象的过程。

1．创建空白报表

【操作实例 7】从零开始创建自定义报表，在设计视图下打开一个空白报表。

操作步骤：

① 启动 Access，打开"汇科电脑公司数据库"数据库。

② 在数据库窗口的"对象"栏选择"报表"对象。

③ 双击"在设计视图中创建报表"创建方法，即可打开一个空白的报表，如图 7-32 所示。默认情况下，空白报表包含页面页眉、页面页脚和主体三部分。

图 7-32　空白的报表

④ 单击工具栏上的"保存"按钮 ，将空白报表存为"物品信息查询报告"。

2．为报表指定数据源

在报表对象中，只有少量的固定信息，如标题和提示信息等，是在创建报表时添加的。其他大部分数据信息都来自数据库的表或查询对象。因此，在使用设计视图创建报表时，必须指定报表的数据源。

【操作实例 8】为报表指定显示数据的记录源（表或查询）。

操作步骤：

① 双击工具栏上的"属性"按钮 ，打开"报表"属性对话框，其作用与窗体的属性对话框相同，属性设置方式也相同。

② 在属性对话框对象下拉列表中选择"报表"。

③ 在"报表"属性对话框中选择"数据"选项卡，在"记录源"属性下拉列表中选择查询"物品信息组合模糊查询"，如图 7-33 所示。

④ 在设计视图会出现该查询对象的字段列表框，如图 7-34 所示，从中可以拖动报表需要的数据字段。

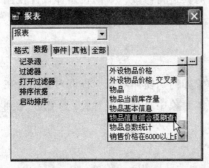

图 7-33　选择报表记录源

图 7-34　字段列表框

注意：指定的数据源只能来自一个表或查询，如果要从多个表或查询中选择数据，要先为此创建一个包含多个表字段的查询。指定数据源的方法对窗体同样适用。

3．为报表添加控件

【操作实例 9】在空白报表上添加显示数据的控件。

操作步骤：

① 在报表页眉节添加标签，用来显示报表的标题。

• 在菜单栏选择"视图"→"报表页眉/页脚"命令。

• 在工具箱单击"标签"按钮，在报表页眉节中显示标题的位置上单击插入标签。

• 为标签输入"物品信息查询报告"文字，并通过其属性对话框设置颜色、字体、大小等属性。设置结果如图 7-35 所示。

② 在页面页眉中添加标签，用来显示表或查询对象中的字段标题，如图 7-36 所示。

③ 在主体中添加绑定型文本框，用来显示表或查询中的数据值。

• 从字段列表框中拖动需要的字段到报表主体，会自动出现绑定型文本框。

- 删除附加标签（因为已经在页面页眉中添加了）。选中附加标签后按【Delete】键，不要删除文本框，添加的绑定文本框如图 7-35 所示。

图 7-35　在报表中创建控件

④ 移动页面页脚与报表页脚。

因为页面页脚与报表页脚节中不显示任何内容，可以移动页面页脚与报表页脚标题栏，使该节没有任何内容或有少量空间，如图 7-35 所示。

⑤ 预览报表。

完成上面的工作，就创建了一个可以显示数据的报表对象。单击"视图"按钮，可切换到版面预览视图可预览创建的报表对象，如图 7-36 所示。

图 7-36　创建的自定义报表

4．使用报表对象

为了在窗体中使用报表对象，可在窗体上添加一个打开报表的命令按钮控件。

【操作实例 10】在"公司物品信息查询窗口"窗体中添加预览报表的命令按钮。

操作步骤：

① 在窗体设计视图中打开"公司物品信息查询窗口"窗体。

② 按下工具箱中"命令按钮"按钮，在窗体放置命令按钮的位置单击并拖动按钮大小，在打开的"命令按钮向导"对话框的"类别"框中选择"报表操作"，在"操作"框中选择"预览报

表"，如图 7-37 所示。

③ 在接着出现的对话框中确定单击命令按钮时预览的报表，如图 7-38 所示。

④ 确定命令按钮上的文字为"预览报表"。

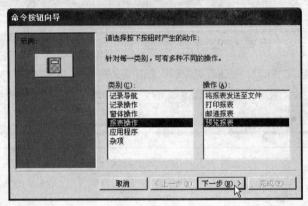

图 7-37　选择报表操作

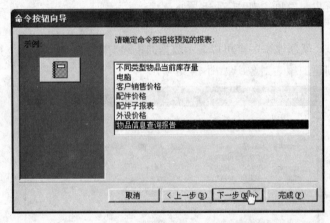

图 7-38　确定单击命令按钮时预览的报表

在"公司物品信息查询窗口"窗体中添加"预览报表"命令按钮后的窗口如图 7-39 所示。

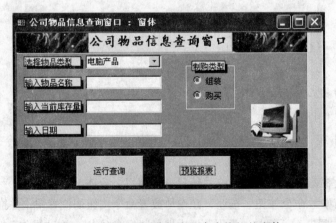

图 7-39　添加"预览报表"命令按钮的窗体

⑤ 在窗体上浏览报表对象。

在"公司物品信息查询窗口"窗体上选择物品类型为"电脑产品",然后单击"预览报表"命令按钮,可打开刚刚创建的"物品信息查询报告"报表,如图 7-40 所示。该报表会根据窗体的不同选择显示不同的信息,不是一个显示固定信息的报表。

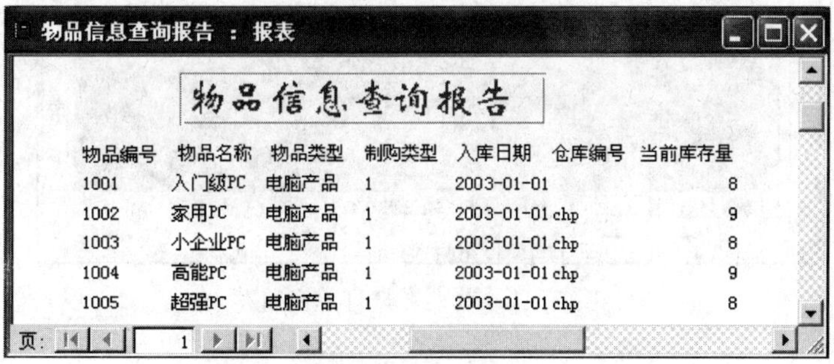

图 7-40　"物品信息查询报告"报表

从中可以发现,"物品信息查询报告"报表对象将查询、窗体、报表三个对象结合在一起了。通过窗体对象确定了用户的查询要求,通过查询对象在数据库中检索到用户要求的数据,通过报表对象输出了用户查询的数据。

7.6　报表中的计算与汇总

在实际应用中,报表不仅仅是显示和打印数据的工具,报表还可以对数据进行分析和计算,例如,对数据字段进行分类汇总、计算某个字段的总计或平均值,计算某些记录数据占总数的百分比,表达式数据等。其计算结果通过标签或文本框添加在报表对象上,用来提供更多的数据信息。本节介绍如何在报表上显示计算数据。

7.6.1　在报表中添加计算字段

要在报表中进行数值计算,要先创建用于计算数据并显示计算结果的控件,该类控件称为计算控件。常用的计算控件为文本框、标签或其他有"控件来源"属性的控件。

为了说明如何在报表中添加计算字段,先根据客户订单 CO1 表(参见第 3 章上机操作第 2 题)、客户订单明细 CO2 表(参见第 3 章上机操作第 2 题)创建"输入客户订单窗口"窗体,然后再根据窗口输入的订单数量创建一个根据客户订单生成的生产计划与采购计划报表。

1. 创建"输入客户订单窗口"窗体

根据 CO2 表创建子窗体(默认视图为数据表,不包含客户订单号字段)、根据 CO1 表创建主子窗体"输入客户订单窗口",其窗体布局如图 7-41 所示。

2. 创建销售生产采购信息报表

【操作实例 11】根据"输入客户订单窗口"输入的订单数量创建一个根据客户订单生成的生产计划与采购计划报表。

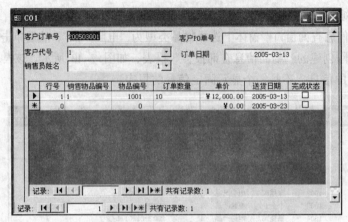

图 7-41　输入客户订单窗口

操作步骤：

（1）创建销售物品信息报表

通过"销售物品信息"查询对象（参见第 5 章上机操作第 4 题）可用自动创建报表方式创建"销售物品信息报表"，其结构如图 7-42 所示。

图 7-42　销售物品信息报表结构

（2）在报表中添加计算字段

下面将根据客户销售订单对物品的需求，创建给出生产、采购和销售数据信息的"销售与生产信息报表"。

① 在设计视图打开"销售物品信息报表"报表，另存为"销售生产采购信息报表"。

② 在页面页眉节中添加计算字段标签"是否满足需求"、"生产量"字段、"采购量"，如图 7-43 所示。

③ 在主体节对应"是否满足需求"标签下方插入一个文本框控件，在文本框输入函数表达式"=IIf([当前库存量]-[订单数量]-[最小库存量]>=0,"可以立即提货.","不能立即提货!")"。

其中 IIf 函数表示：如果条件表达式"（[当前库存量]-[订单数量]-[最小库存量]>=0"为真，函数值为"可以立即提货。"；否则，函数值为"不能立即提货！"。

④ 在"生产量"标签下方插入一个文本框控件，在文本框输入函数"=IIf([当前库存量]–[订单数量]–[最小库存量]<0 And [物品类型]="电脑产品",[订单数量]+[最小库存量]–[当前库存量],0)"。

⑤ 在"采购量"标签下方插入一个文本框控件，在文本框输入函数"=IIf([当前库存量]–[订单数量]–[最小库存量]<0 And [物品类型]="外设",[订单数量]+[最小库存量]–[当前库存量],0)"。

⑥ 切换到"预览视图"可看到添加的计算字段提供的数据，如图 7-44 所示。

如果要使用该报表，可以在"输入客户订单窗口"窗体中添加一个命令按钮"了解提货信息"，帮助销售员了解所输入的客户订单是否可以立即提货或还需要生产。

图 7-43　添加计算字段的报表布局

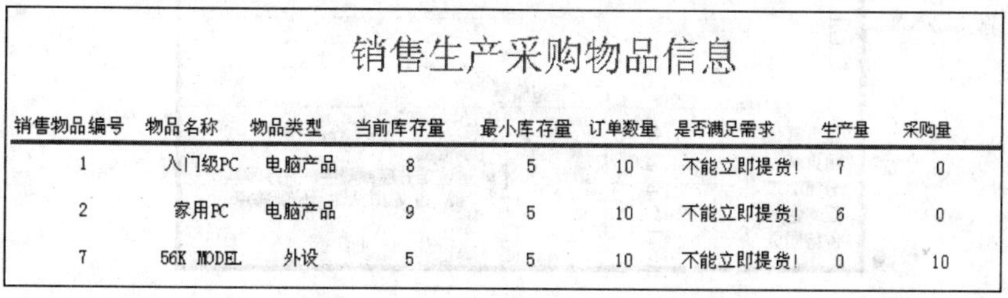

销售生产采购物品信息

销售物品编号	物品名称	物品类型	当前库存量	最小库存量	订单数量	是否满足需求	生产量	采购量
1	入门级PC	电脑产品	8	5	10	不能立即提货!	7	0
2	家用PC	电脑产品	9	5	10	不能立即提货!	6	0
7	56K MODEL	外设	5	5	10	不能立即提货!	0	10

图 7-44　预览报表中的计算字段

注意：为文本框输入计算表达式时，可以在"文本框"属性对话框的"数据"选项卡的"控件来源"属性框中输入，并可单击 ... 按钮，打开"表达式生成器"对话框，在其中输入，如图 7-45 所示，表达式前要加上等号（=）。在对话框中可以直接选择函数、字段名称、运算符。

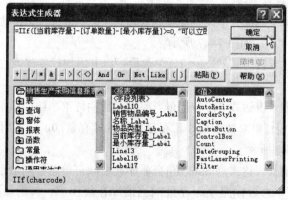

图 7-45　"表达式生成器"对话框

7.6.2　在报表中分组与计算

在 Access 中，相关信息组成的集合称为组。在报表中，可以对记录按指定的规则进行分组。分组后可以显示各组的汇总信息。

【操作实例 12】在设计视图中对报表"生产与采购信息报表"按"物品类型"分组，然后按"物品类型"组统计每种类型物品的库存总量、订单总量、生产总量、采购总量，创建"生产与采购信息分组报表"。

操作步骤：

① 在报表设计视图中打开"销售生产采购信息报表"，另存为"生产与采购信息分组报表"。

② 单击工具栏上的"排序与分组"按钮 [≣，打开图 7-46 所示的"排序与分组"对话框。

③ 在对话框"字段/表达式"列下第一个单元格内选择"物品类型"字段。

④ 在对话框"排序次序"列下第一个单元格中选择"升序"。

⑤ 在对话框"组属性"中选择"组页眉"与"组页脚"属性都为"是"。

在设计视图中将看到出现了"物品类型页眉"与"物品类型页脚"节，即添加了一个组对象"物品类型"，如图 7-46 所示。

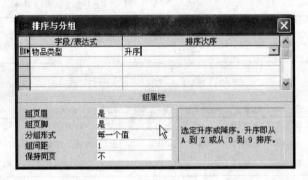

图 7-46　"排序与分组"对话框

⑥ 在组页眉添加文本框。

在设计视图中将主体中的"销售物品编号"、"名称"、"物品类型"结合文本框移到物品类型页眉节中，如图 7-47 所示。

⑦ 在组页脚中添加计算字段。

- 在物品类型页脚节中添加一个文本框输入表达式"=Sum([当前库存量])"，其附加标签改为"当前库存量合计："，如图 7-47 所示。
- 添加一个文本框输入表达式"=Sum([订单数量])"，其附加标签改为"订单数量合计："，如图 7-47 所示。
- 添加一个文本框输入表达式"=Sum(IIf([当前库存量]-[订单总数]-[最小库存量]<0 And [物品类型]="电脑产品",[订单总数]+[最小库存量]-[当前库存量],0))"，其附加标签改为"生产量合计："，如图 7-47 所示。
- 添加一个文本框输入表达式"=Sum(IIf([当前库存量]-[订单总数]-[最小库存量]<0 And [物品类型]="外设",[订单总数]+[最小库存量]-[当前库存量],0))"，其附加标签改为"采购量合计："，如图 7-47 所示。

⑧ 在"报表页脚"中添加计算字段。

在"报表页脚"中添加两个汇总整个报表数据的文本框（标签文字与文本框的计算表达式与"物品类型页脚"节中的相同，但计算结果会不同），如图 7-47 所示。

图 7-47　添加分组与合计的报表

⑨ 预览分组报表。

完成以上任务后，即创建了一个带有分组的报表对象，在版面预览视图中创建的分组报表如图 7-48 所示。

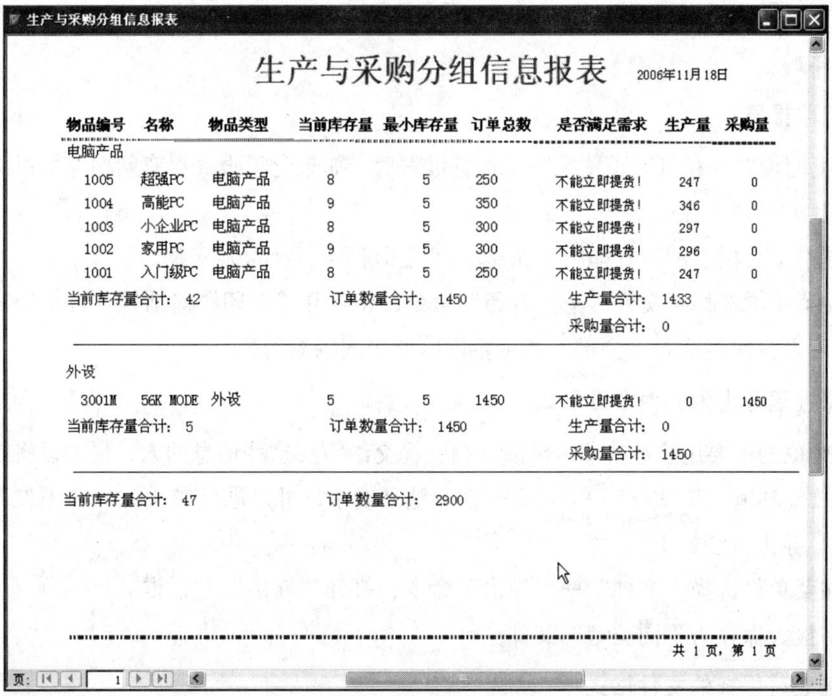

生产与采购分组信息报表　2006年11月18日

物品编号	名称	物品类型	当前库存量	最小库存量	订单总数	是否满足需求	生产量	采购量
电脑产品								
1005	超强PC	电脑产品	8	5	250	不能立即提货！	247	0
1004	高能PC	电脑产品	9	5	350	不能立即提货！	346	0
1003	小企业PC	电脑产品	8	5	300	不能立即提货！	297	0
1002	家用PC	电脑产品	9	5	300	不能立即提货！	296	0
1001	入门级PC	电脑产品	8	5	250	不能立即提货！	247	0
当前库存量合计: 42				订单数量合计: 1450		生产量合计: 1433		
						采购量合计: 0		
外设								
3001M	56K MODE	外设	5	5	1450	不能立即提货！	0	1450
当前库存量合计: 5				订单数量合计: 1450		生产量合计: 0		
						采购量合计: 1450		
当前库存量合计: 47				订单数量合计: 2900				

共 1 页，第 1 页

页: ◄ ◄ 1 ► ►◄

图 7-48　带有分组的报表

注意：分组汇总数据在组页脚使用计算控件显示。整个报表的汇总数据在报表页脚中显示。

7.6.3　美化报表

在打印报表之前，可以美化报表，向报表插入图片、线条、矩形框、背景色等，还可以对报表使用"自动套用格式"，其操作方法与美化窗体相同。

7.6.4　报表打印与导出

1．添加分页符与页码

为了使打印出的报表资料更清晰，可为报表添加分页符与页码。其方法如下：

① 单击工具栏上的"分页符"按钮 ，即可在报表中添加一个分页符，分页符下面的内容会另打一页。

② 在菜单栏选择"插入"→"页码"命令，会出现"页码"对话框，在对话框中设置起始页码数字，即可在报表中添加"页码"。

2．页面设置、预览

在打印之前，还应进行页面设置，定义打印的页面大小等属性，并可预览打印出的报表文档样式，其方法如下：

① 在菜单栏选择"文件"→"页面设置"命令，即可打开"页面设置"对话框进行相应的设置。

② 单击工具栏上的"打印预览"按钮 ，会在"打印预览"视图中打开报表，显示打印出来的报表样式。

3．打印报表

完成页面设置并在打印预览视图下预览报表后，如果觉得报表没有问题，可以将报表内容打印出来，其方法如下：

① 单击工具栏上的"打印"按钮 ，可立即打印当前报表对象。

② 在菜单栏选择"文件"→"打印"命令，将打开"打印"对话框，可从中定义打印不同的内容，可以打印当前页、全部、指定范围内的报表内容等。

4．将报表导出为其他数据形式

报表对象的主要用途是打印成纸质文档，提交给需要这些信息的人，也可以将报表对象导出到另一种软件环境，如 Word、Excel 等。在其他环境中，可以进行在 Access 中不便甚至不可能进行的操作。导出方法如下：

① 在菜单栏选择"文件"→"导出"命令，打开"导出"对话框。

② 将报表保存为不同类型的文件。

5．报表可保存的文件格式

报表文件可保存的格式为：报表快照文件.snp（可使用浏览器或者快照浏览器打开）；文本文件.txt、电子表格文件.xls、Web 页文件.htm 等。

7.7　认识数据访问页对象

数据访问页是 Access 中一个特殊的数据库对象，它其实是一种特殊类型的在浏览器上使用的网页。通过它用户可以在 IE 浏览器上查看和使用来自 Access 数据库（.mdb）、SQL Server 数据库，以及其他数据源（如 Excel 等）的数据。数据访问页将 Access 数据库与 Internet 紧密地结合起来，用户可以随时通过 Internet 访问 Access 数据库中的数据。

本节介绍如何在 Access 中创建数据访问页对象。

7.7.1　自动创建数据访问页

作为数据库对象，数据访问页与窗体、报表具有相同的特点，可显示数据库中表或查询中的数据，可以使用自动工具、向导、设计器创建页对象，并可以在设计视图中进行修改。

【操作实例 13】通过"自动创建数据页"方式创建数据页对象"外设物品价格.htm"。

操作步骤：

① 在数据库窗口的"对象"栏选择"页"对象，如图 7-49 所示。

② 单击数据库窗口工具栏上的"新建"按钮，在打开的"新建数据访问页"对话框中选择"自动创建数据页：纵栏式"，如图 7-49 所示。

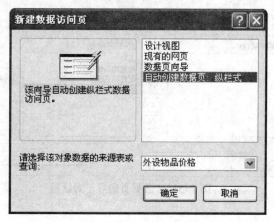

图 7-49　自动创建数据访问页的方法

③ 在"请选择该数据的来源表或查询"下拉列表框中选择表/查询的名称，例如，选择"外设物品价格"，如图 7-49 所示，单击"确定"按钮，即可自动创建出如图 7-50 所示的数据访问页。

④ 保存页对象为"外设物品价格.htm"，将其存储在当前文件夹。

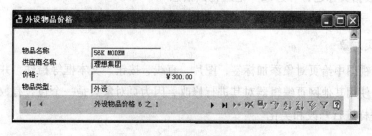

图 7-50　自动创建的数据访问页

注意： 页对象不是存放在当前数据库中，保存在当前数据库中的只是访问该页的快捷方式。页对象存储在当前文件夹，或当前计算机任意文件夹中。可以直接在浏览器中打开页对象。

7.7.2 使用向导创建数据访问页

如果想在页面中显示来自多个表或查询中的数据，可以使用向导来创建页对象。其创建方法与创建窗体、报表类似。

下面简单介绍使用向导创建页对象的方法。

1. 启动页向导

① 启动 Access，打开"汇科电脑公司数据库"数据库。

② 在数据库窗口的"对象"栏中选择"页"对象。

③ 双击"使用向导创建数据访问页"创建方法，启动向导打开"数据页向导"对话框，如图 7-51 所示。

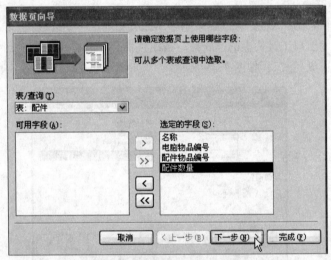

图 7-51　"数据页向导"对话框

2. 回答向导提问

① 从"物品"、"配件"表上选择页中使用的字段。

② 确定是否分组，可按"名称"分组。

③ 确定是否排序，可按"电脑物品编号"降序排序。

④ 确定数据页标题，可选取"电脑物品信息"。

回答完向导提问即可在设计视图看到创建的数据页，如图 7-52 所示。

3. 美化页对象

可在设计视图中给页对象添加标签，图片、直线、按钮、文本框等控件，并对其进行修改与完善。还可以使用其他网页编辑器对其进行修改，因为页对象只是一个包含有数据的网页，可如同其他网页一样进行修改和美化。

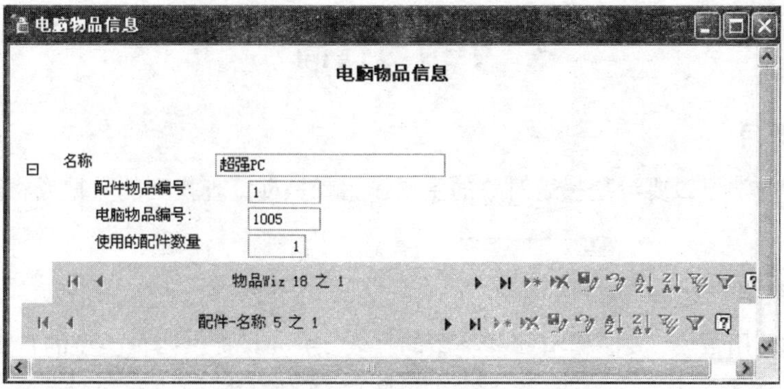

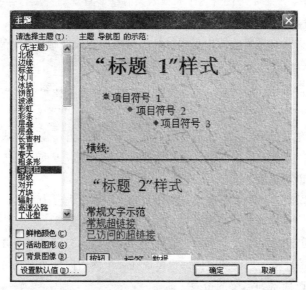

图 7-52 设计视图中的页

最简单的美化方式是在设计视图的菜单栏选择"格式"→"主题"命令，打开"主题"对话框，可从"请选择主题"列表框中挑选一个主题，这里选择"导航图"主题，如图 7-53 所示。单击"确定"按钮后，切换数据页到页面视图，其显示结果如图 7-54 所示。数据访问页有三种视图：设计、页面、Web 页预览。在页面中单击"展开"按钮⊞，可展开其下的分组数据，单击"折叠"按钮⊟可将分组数据折叠起来。

图 7-53 "主题"对话框

图 7-54 套用"主题"格式的页对象

小结与提高

1．报表的作用

通过对本章的学习，要清楚报表对象的主要作用就是浏览查找到的数据或将需要的数据打印出来。

2．报表的类型

要想很好的使用报表，要了解有哪些类型的报表。Access 提供四种类型的常用报表，它们是：纵栏式报表、表格式报表、主/子报表、图表报表，它们有不同的功能和特点。

纵栏式报表可通过报表完整浏览表或查询中所有字段和记录。

表格式报表通过窗口可一次显示表或查询中所有的字段和记录，可用于浏览查询到的数据。

主/子报表由两个报表构成，主要特点是可以将一个报表插入到另一报表中。插入报表的报表称为主报表，插入的报表称为子报表。

图表报表是通过报表将数据用图表显示出来，Access 提供有多种图表，包括折线图、柱形图、饼图、环形图、面积图、三维条形图等。图表报表具有图形直观的特点，可形象说明数据的特点、变化趋势。

还可以按照报表功能的需要，使用报表设计工具箱中的控件制作用户需要的自定义报表。

3．报表的创建方法

创建报表是本章的重点内容，通过本章的学习要掌握三种创建报表的方式，它们是：自动创建、向导和设计器。

自动创建报表的方式有两类：一种是自动工具。另一种是自动创建报表方式。它们有一个共同点，就是只能基于一个表或查询创建。如果数据来自多个表或查询，要先创建一个多表查询，再根据多表查询自动创建报表。

使用报表向导可以创建基于多个表或查询的报表。创建过程分为三步：启动向导、回答向导提问、自动创建报表。通过向导可以创建主/子报表、图表报表等。

通过设计器可以创建功能强大的报表。通过设计器可以从自定义报表开始，即在一个空白报表上添加各种需要的控件得到需要的窗体，也可以在一个使用向导或自动方式创建好的报表上使用设计器对其进行修改而得到需要的报表。

4．美化完善报表

使用不同方式创建的报表，都可以在设计视图中进行美化和完善，包括添加背景颜色、修改标签字体、大小、颜色，添加线条、矩形、填充色、插入图片，可以通过设置报表属性来美化完善报表的样式和功能。

对于报表中的控件，可以通过修改其属性来完善其功能与样式。

通过对本章的学习，要掌握修改报表属性的方法。

5．创建数据访问页

数据访问页是 Access 中一个特殊的数据库对象，它其实是一种特殊类型的在浏览器上使用的网页。通过数据访问页可以将 Access 数据库与 Internet 紧密地结合起来,用户可以随时通过 Internet 访问 Access 数据库中的数据。

作为数据库对象,数据访问页与窗体、报表具有相同的特点,可显示数据库中表或查询中的数据,可以使用自动、向导、设计器创建页对象,并可以在设计视图中对页对象进行美化与修改。

思考与练习

一、问答题

1. 有哪些常见的报表类型?它们各有什么特点?
2. 有几种创建报表的方式? 它们各有什么特点?
3. 报表有哪几种视图?
4. 数据访问页与其他网页有什么相同点和不同点?
5. 数据访问页有几种视图? 各有什么特点?
6. 数据访问页有几种创建方式?
7. 数据访问页有什么作用?
8. 如何对数据访问页进行修改?
9. 数据访问页与其他数据库对象有什么相同和不同?

二、上机操作

1. 使用自动创建报表方式创建浏览物品信息的表格式报表。
2. 使用向导创建一个显示表 "供应商"、"供应商与物品"、"物品"中包含 "供应商编号"、"供应商名称"、"物品名称"、"采购价"字段的报表。
3. 使用报表向导创建一个显示电脑产品库存量的图表报表。
4. 创建一个浏览销售物品信息的数据访问页。

第 **8** 章 | 在 Access 中创建宏与模块

学习目标

☑ 了解宏的作用与类型

☑ 了解宏使用的主要操作命令

☑ 了解模块的作用

☑ 了解使用模块的方式

☑ 能够使用设计器创建宏

☑ 能够使用宏控制数据库对象

8.1 认识宏对象

通过前面的介绍可以知道使用命令按钮可以控制其他数据库对象，自动执行一些操作命令，例如，打开窗体对象、打开表对象等。但在使用命令按钮控制其他数据库对象时必须跟随向导进行相关的操作来进行，方式复杂，只能进行被动的操作，能否简化操作过程，自行定义操作任务呢？

宏对象就是解决这个问题的，它是 Access 专门提供的一种可以控制其他数据库对象、自动执行某种操作任务的数据库对象。与命令按钮向导不同的是，宏对象可以定义多个操作命令，使用宏可以一次完成多个操作任务，向导只能给命令按钮指定一个命令，所以只能完成一个任务。

使用宏可以提高数据库的使用效率，简化数据库的操作。通过宏可以将表、查询、窗体、报表等数据库对象有机地组织起来，宏是创建数据库应用系统的基础。

本节就来了解宏对象的作用、类型与功能。

8.1.1 宏对象的作用

宏的作用主要表现在以下几个方面：

1. 打开多个窗体或报表。

通过宏可以在一个窗体中打开多个窗体、报表等对象。

2. 自动查找和筛选记录。

根据输入的数据，通过宏查找表中包含该数据的记录，并能筛选记录，加快查找速度。

3．自动进行数据校验

通过宏可以很方便地设置检查数据的准则，对数据进行校验，并给出相应的提示信息。

4．设置窗体、报表属性

窗体和报表的大部分属性，均可以使用宏进行设置。例如，当屏幕不再需要一个窗体，但其中的数据还需要使用时，可使用宏将其隐藏起来。通过宏可以改变窗体中控件的数据值。

5．自定义系统工作环境

在打开数据库时通过使用宏可以自动打开一组查询、窗体、报表等。使用宏可以将所有的数据库对象联系在一起，形成一个数据库应用系统来执行一个或一组特定任务。使用宏可以创建应用系统的控制菜单。

8.1.2　宏对象的类型

宏有三种类型：操作序列宏、宏组和条件操作宏，它们各自具有不同的功能和特点。

1．操作序列宏

操作序列宏是结构最简单的宏对象。宏中只包含按顺序排列的各种操作命令，如图 8-1 所示。执行操作序列宏对象会根据宏中的定义按照从上到下的顺序执行各个操作命令。

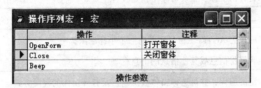

图 8-1　操作序列宏的例子

2．宏组

宏组由多个宏构成，它们用来共同完成一项任务，放在一个组中便于管理与维护，如图 8-2 所示。在宏组中要为每个宏选取名字，例如"口令验证"宏组包含了两个宏"确定"与"取消"，通过带组名的宏名，例如"口令验证.确定"，可以分别使用宏组中的宏。

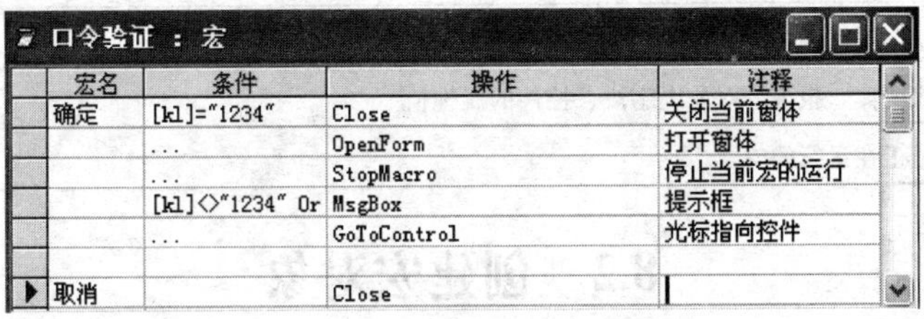

图 8-2　"口令验证"宏组

3．条件操作宏

条件操作宏是指带有判定条件的宏。这类宏在运行之前先判断条件是否满足，如果满足则运行宏，如果不满足，则不运行宏。如果宏的当前行条件不满足，会执行下一行的操作命令。在宏的设计表格中，每行的"条件"设置只是对同一行的"操作"命令有约束力，对其他行的"操作"命令不起约束。图 8-3 所示为一个包含条件"口令验证宏"的窗口，如果口令正确，关闭当前窗口，然后打开一个新窗口。否则，将执行下行的操作，打开一个提示框。

宏的条件使用逻辑表达式来描述，表达式的真假结果决定是否执行宏的操作命令。

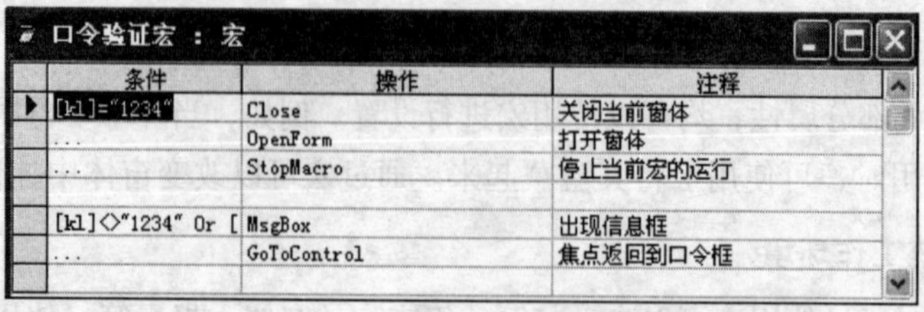

图 8-3　条件操作宏

8.1.3　宏使用的主要操作命令

表 8-1 列出了宏使用的主要操作命令名称和作用。

表 8-1　宏常用的操作命令及作用

操作命令名称	作　　　用
Beep	通过计算机的扬声器发出嘟嘟声
Close	关闭指定的 Microsoft Access 窗口。如果没有指定窗口，则关闭当前活动窗口
GoToControl	把光标移到打开的窗体、报表对象中指定控件上
Maximize	放大活动窗口，使其充满 Access 的主窗口。该操作可以使用户尽可能多地看到活动窗口中的对象
Minimize	将活动窗口缩小为 Access 主窗口底部的一个小标题图标
MsgBox	打开一个包含警告信息或其他信息的消息框
OpenForm	打开一个指定的窗体，并可选择窗体数据输入及打开窗体的视图方式
OpenReport	打开一个指定的报表，并可选择打开报表的视图方式
PrintOut	打印当前数据库中的活动对象，如可以打印数据表、报表、窗体等
Quit	关闭 Access 数据库。Quit 还可以指定在退出 Access 之前是否保存数据库对象
RepaintObject	更新指定数据库对象。如果没有指定数据库对象，则更新当前的活动数据库对象。更新包括对象中的所有控件
Restore	将处于最大化或最小化的窗口恢复为原来的大小
RunMacro	运行指定的宏
SetValue	设置窗体、报表等对象上字段、控件的属性值
StopMacro	停止正在运行的宏

8.2　创建宏对象

本节介绍如何创建执行不同操作任务的宏对象。宏只能在设计视图中创建。

8.2.1　认识宏设计视图

1. 打开宏设计视图

① 启动 Access，打开"汇科电脑公司数据库"数据库。

② 在数据库窗口"对象"栏选择"宏"对象，单击工具栏上的"新建"按钮，将打开宏设计视图，如图 8-4 所示。

与其他数据库对象不同，宏只有一种设计视图模式。

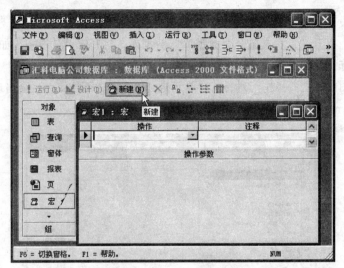

图 8-4　宏设计视图

2．宏设计视图的组成

图 8-4 所示的宏设计视图为系统默认的设计视图，只有"操作"和"注释"列。单击工具栏上的"宏名"按钮 [×] 和"条件"按钮 ，在设计视图中将出现"宏名"和"条件"列，如图 8-5 所示。再单击"宏名"或"条件"按钮可取消该列。

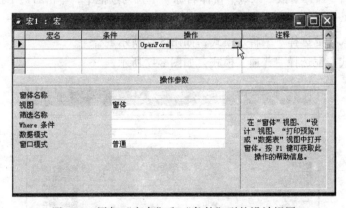

图 8-5　添加"宏名"和"条件"列的设计视图

如图 8-5 所示，宏的设计视图分为上下两部分：

上部分为设计器，包含"宏名"、"条件"、"操作"和"注释"列。"宏名"列可以为每个基本宏指定一个名称；"条件"列用来指定宏操作的条件；"操作"列中包含有各种宏可以执行的操作命令，可以从命令下拉列表中选择不同的操作命令；"注释"列用来说明操作的含义，也可以不写。

下半部分为"操作参数"设置区，在此可以根据选择的不同操作命令，设置不同的操作参数。选择的操作命令不同，其参数内容有所不同。

8.2.2 创建操作序列宏

【**操作实例 1**】创建一个同时打开窗体、报表、表对象的宏对象——"执行多个任务的宏"。

操作步骤：

（1）打开宏设计视图

启动 Access，打开"汇科电脑公司数据库"数据库，打开宏设计视图，如图 8-4 所示。

（2）指定操作命令

在宏设计视图中单击"操作"列的空白单元格，单击右边下拉按钮，会出现操作命令列表，从中选择 OpenForm（打开窗体）操作命令，如图 8-6 所示。

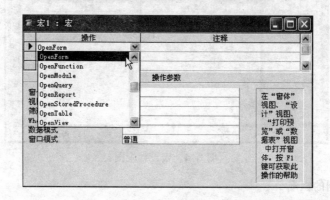

图 8-6 指定宏的操作命令

（3）指定操作参数

在宏设计视图"操作参数"区域"窗体名称"下拉列选框中，单击右边下拉按钮，会出现已有的窗体名称，从中选择"输入客户订单窗口"窗体，如图 8-7 所示。

在"数据模式"框选择"编辑"模式，如图 8-7 所示。

在"窗口模式"框选择"普通"模式，如图 8-7 所示。

图 8-7 指定宏的操作参数

（4）定义打开报表对象的操作

在"操作"列指定 OpenReport（打开报表）操作命令，打开"外设价格"报表，定义操作参数，如图 8-8 所示。

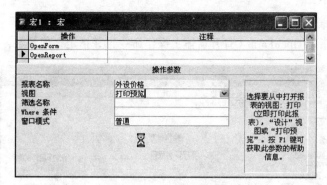

图 8-8　指定宏打开报表的操作命令及参数

（5）定义打开表对象的操作

在"操作"列指定 OpenTable（打开表）操作命令，打开"物品"表，如图 8-9 所示。

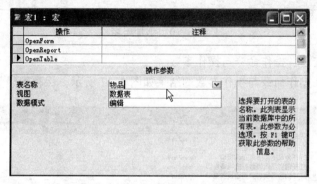

图 8-9　指定宏的打开表的操作命令及参数

（6）保存宏

将对象保存为"执行多个任务的宏"。

（7）运行宏

在工具栏单击"运行"按钮 ，在主窗口中将同时打开"输入客户订单窗口"窗体、"外设价格"报表与"物品"表。

8.2.3　创建宏组

宏组可以将多个类似操作的宏或相关操作的宏存放在一起，通过宏组的宏名可以选择执行其操作任务。

【操作实例 2】创建一个分别打开不同窗体的名称为"打开窗体宏"的宏组。

操作步骤：

（1）在设计视图添加"宏名"列

在数据库窗口打开宏设计视图，在主窗口工具栏单击"宏名"按钮 ，在设计视图中将添加"宏名"列，如图 8-10 所示。

（2）定义宏名

在宏设计视图中单击"宏名"列下的第 1 个空白单元格，输入"打开输入客户订单窗口"作为宏名，如图 8-10 所示。

（3）指定操作命令与操作参数

在"操作"列指定 OpenForm（打开窗体）操作命令，并指定操作参数，如图 8-10 所示。

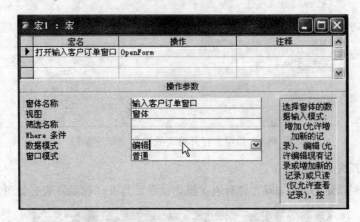

图 8-10　添加宏名

（4）定义其他宏名、操作命令与操作参数

定义其他宏名，操作命令与操作参数的结果如图 8-11 所示。保存宏组为"打开窗体宏"。

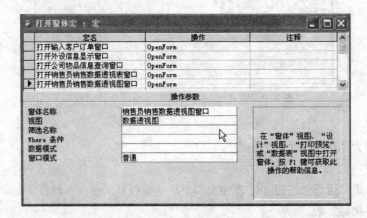

图 8-11　宏组中定义的多个宏

注意：在打开数据透视表窗体、数据透视图窗体时，在选择"窗体"视图时，一定要选择"数据透视表"、"数据透视图"，不能使用默认的"窗体"视图。

宏组不能直接运行，只能通过组中定义的宏名来执行其指定的任务。

8.2.4　创建条件宏

条件宏可以根据不同条件进行不同操作。

【操作实例3】创建一个根据口令验证的情况，打开或关闭指定窗体的宏对象"口令验证窗口使用的宏"，它是一个包含"确定"和"取消"两个宏的宏组。

操作步骤：

（1）创建"确定"宏

① 添加"宏名"与"条件"列。

- 打开宏设计视图，单击"宏名"与"条件"按钮，在设计视图中将出现"宏名"与"条件"列，如图 8-5 所示。
- 在宏设计视图中单击"宏名"列下的第 1 个空白单元格，输入"确定"作为宏名，如图 8-12 所示。

② 定义条件。

在宏设计视图中单击"条件"列的第 1 个空白单元格，输入逻辑表达式：[kl]="1234"，如图 8-12 所示，表示条件为[kl]变量的字符串要与 1234 相同。

③ 指定操作命令与操作参数。

单击"操作"列的空白单元格，单击右边下拉按钮，会出现操作命令列表，从中选择 close（关闭）操作命令，用来关闭当前激活的窗体，如图 8-12 所示。

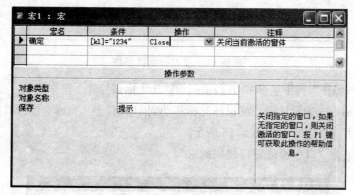

图 8-12 带有条件的宏

④ 指定本宏中其他操作任务。

- 在第 2 行"条件"列中输入 "…"，表示该行操作命令的条件与上行条件相同。
- 在第 2 行"操作"列单元格中选择 OpenForm 命令，设置操作参数，如图 8-13 所示。

图 8-13 操作函数设置

- 在第 3 行的"操作"列中选择 StopMacro（结束当前宏的运行）操作命令，不需要设置参数，表示要停止宏的执行任务了，如图 8-14 所示。
- 在第 4 行的"条件"列中输入逻辑表达式 "[kl]<>"1234" Or [kl] Is Null"，表示[kl]文本与 1234 不同，或者[kl]文本为空，如图 8-14 所示。

- 在第 4 行的"操作"列选择 MsgBox（打开提示框）。在"消息"参数框中输入在提示框中显示的提示文字"口令不正确，请重新输入！"并如图 8-14 所示设置其他参数。

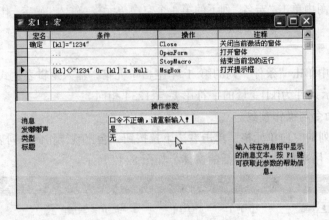

图 8-14　设置提示框参数

- 在第 5 行"操作"列中选择 GoToControl（移动光标到控件）操作命令。在"控件名称"参数框中输入[kl]，表示该操作将鼠标光标移动到[kl]控件上。完成上述所有操作，"确定"宏就创建好了，创建的宏如图 8-15 所示。
- 保存宏对象为"口令验证窗口使用的宏"。

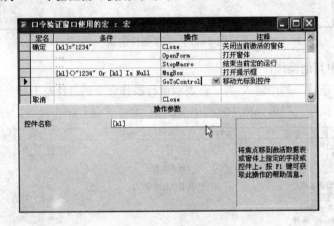

图 8-15　"确定"宏

（2）创建"取消"宏

① 在设计视图中空一行，在第 7 行"宏名"列单元格中输入"取消"。

② 在第 7 行"操作"列选择 close 命令，"取消"宏就创建好了，如图 8-15 所示。

8.2.5　通过控件使用宏

使用宏的主要目的是控制数据库对象，将宏与窗体或报表中的某个控件连接起来才能执行宏操作命令。

【操作实例 4】创建一个名称为"口令验证"的窗体，为窗体中的"确定"、"取消"按钮指定进行操作的宏。

操作步骤：

（1）创建"口令验证"窗体

使用宏要将宏连接到某个控件上。打开窗体设计视图，保存窗体为"口令验证"。在窗体中添加一个名称为"kl"的未绑定文本框、一个标签（输入口令）和两个命令按钮，窗体布局如图 8-16 所示。

（2）将宏连接到命令按钮上

① 在窗体设计视图中选中"确定"命令按钮。

② 单击工具栏"属性"按钮，打开"命令按钮"属性对话框，如图 8-17 所示。

③ 选择"事件"选项卡，在"单击"属性框下拉列表中选择"口令验证.确定"宏。

④ 选中"取消"命令按钮，在其"事件"属性框中选择"口令验证.取消"宏。

完成以上操作就完成了宏与控件的连接工作，在"口令验证"窗体单击命令按钮时将运行宏中定义的操作命令。

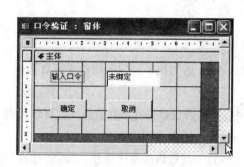

图 8-16 "口令验证"窗体

图 8-17 为控件连接宏

（3）使用宏

将视图切换到窗体视图，在文本框输入 12，单击"确定"按钮，将出现一个提示框，如图 8-18 所示。如果输入 1234，单击"确定"按钮，将会打开"公司物品信息查询窗口"。

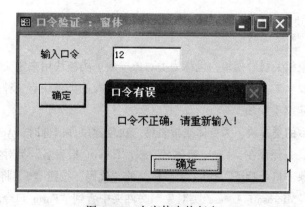

图 8-18 在窗体中执行宏

8.3　创建模块对象

模块是 Access 中一个重要的对象，它比宏的功能更强大，运行速度更快，不仅能完成操作数据库对象的任务，还能直接运行 Windows 的其他程序。使用模块还可以建立自定义函数，进行复杂的计算，执行宏所不能完成的复杂任务。

本节介绍如何创建与使用模块对象。

8.3.1　模块的概念

1. VBA

模块之所以功能强大，是因为它是使用 VBA 编程语言创建的。VB，是微软公司推出的可视化 BASIC 语言，用它编程非常简单。因为它简单、功能强大，微软公司将它的一部分代码结合到 Office 中，构成了 VBA 编程语言。VBA 的很多语法继承自 VB，所以，可以像编写 VB 语言那样来编写 VBA 程序，以实现某个功能。当 VBA 程序编译通过后，可将程序保存在 Access 的模块里，并通过类似使用宏的方式来使用模块，从而执行模块的功能。

2. 模块与过程

模块由 VBA 声明语句和一个或多个过程组成。

过程是由一系列 VBA 代码集合体组成的。通过 VBA 语句执行特定的操作或计算数值。

过程分为三类：

① 函数过程，或称 Function 过程，简称为函数。函数过程具有函数值，该值可以在表达式中使用，它以关键字 Function 开始，以 End Function 语句结束。

② Sub 过程，简称子程序。过程一般用来定义执行一种数据库操作任务。Sub 过程没有返回值，它以 Sub 开始，以 End Sub 语句结束。

③ 事件过程，它是一种特殊的 Sub 过程，它以指定控件及所响应的事件名称来命名。事件过程用于响应窗体或报表中的事件，相应的 VBA 程序用来完成事件发生时所进行的操作。

3. 模块的类型

在 Access 中，模块可以分为两种基本类型：类模块和标准模块。

（1）类模块

类模块是与类对象相关联的模块，也称为类对象模块。类模块用来定义其包含的事件过程，它们用来定义类模块发生某些事件时的属性和方法。Access 的类模块有三种基本形式：窗体类模块、报表类模块和自定义类模块。

窗体与报表是典型的类模块。为窗体或报表第一次创建事件属性时，Access 会自动创建该窗体或报表的事件过程，并保存在 "Form_窗体名" 或 "Report_报表名" 类对象模块中。例如在数据库窗口选中窗体对象 "口令验证"，单击工具栏上的 "代码" 按钮 🖳，将打开模块编辑窗口，在 "工程管理器" 的 "Microsoft Access 类对象" 文件夹中看到 "Form_口令验证" 类对象模块，如图 8-19 所示，在代码编辑窗口，可看到系统自动创建的事件过程。

（2）标准模块

标准模块中包含的主要是公用函数过程和子程序过程，这些公用过程不与任何对象相关联，可以被数据库的任何对象使用。公用函数过程和子程序过程是对象经常要使用的过程，可以多次使用。一般情况下，本书所说的模块是指标准模块。

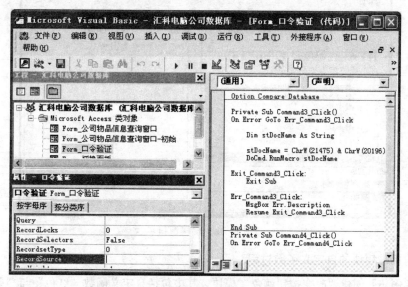

图 8-19　窗体类"Form_口令验证"模块

在数据库窗口的"对象"栏选择"模块"对象，可在对象列表中看到标准模块，如图 8-20所示。在模块窗口同样可以在"工程管理器"的"模块"文件夹中看到标准模块。

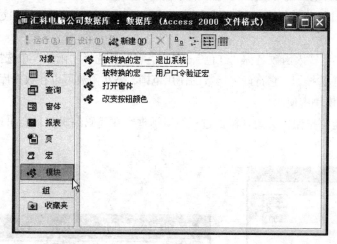

图 8-20　标准模块

8.3.2　创建标准模块中的自定义函数

1．打开模块编辑窗口

打开"汇科电脑公司数据库"数据库，在"对象"栏中选择"模块"对象，在数据库窗口的工具栏上单击"新建"按钮，将在模块窗口打开空模块"模块 1"，如图 8-21所示。

从图 8-21 可以看出，模块窗口分为三大部分："工程"管理器窗格、"属性"窗格和代码编辑窗格。

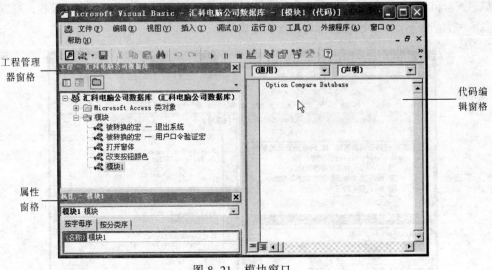

图 8-21　模块窗口

2．创建标准模块的自定义函数过程

【操作实例 5】创建"改变按钮颜色"模块，其中包括自定义函数"红色"与"蓝色"，创建"打开窗体"模块，自定义函数 DK。

操作步骤：

① 先打开"汇科电脑公司数据库"数据库，再打开模块窗口，然后将光标移到代码编辑窗格。

② 在模块窗口的菜单栏中选择"插入"→"过程"命令，打开"添加过程"对话框，如图 8-22 所示。

③ 在"名称"框输入函数名称"红色"，在"类型"栏选择"函数"单选按钮，在"范围"栏选择"公共的"单选按钮，它将确定函数的使用范围，公共函数可以在数据库任何对象中使用，私有函数只能在本模块中使用。

④ 单击"确定"按钮，关闭"添加过程"对话框。在代码编辑窗口会出现函数过程框架，如图 8-23 所示。

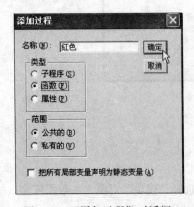

图 8-22　"添加过程"对话框

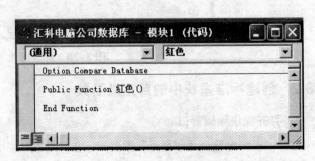

图 8-23　函数过程框架

● 在函数框架之间添加以下代码：

```
Public Function 红色(a As CommandButton)
ForeColor=vbRed
End Function
```

● 将光标移到代码最后，再次在菜单栏选择"插入"→"过程"命令，在"添加过程"对话框定义"蓝色"函数过程，并在函数框架中输入代码，结果如图 8-24 所示。

● 将光标移到第一行代码下面，添加声明语句命令 Option Explicit，以便打开触发事件。

"改变按钮颜色"模块中的声明语句及两个过程的代码如图 8-24 所示。

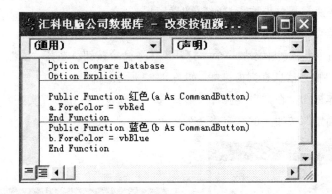

图 8-24　模块中代码

⑤ 为标准模块"打开窗体"添加函数过程 DK。

类似添加函数过程"红色"可创建标准模块"打开窗体"的函数过程 DK，结果如图 8-25 所示。

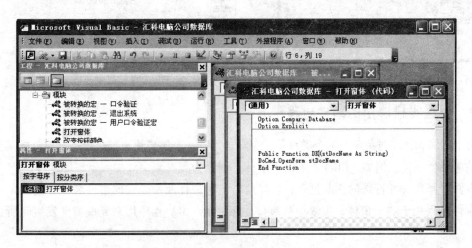

图 8-25　"打开窗体"模块的函数代码

其中函数 DK 代码为：

```
Public Function DK(stDocName As String)
DoCmd.OpenForm stDocName
End Function
```

⑥ 单击工具栏上的"保存"按钮，保存标准模块名称为"改变按钮颜色"。

3．调用标准模块中的函数过程

如同使用宏组中的宏，可以使用标准模块中创建的公共过程。一般将使用过程称为调用过程。

【操作实例6】调用标准模块中的过程函数"红色"，"蓝色"，DK。

操作步骤：

① 在设计视图打开窗体"口令验证"，选中"确定"命令按钮，打开其"属性"对话框，选择"事件"选项卡。

② 在"获得焦点"属性框输入"=红色([确定])"。

③ 在"失去焦点"属性框输入"=蓝色([确定])"，如图 8-26 所示。

④ 在窗体"口令验证"中添加一个"打开窗体"命令按钮，在其"属性"对话框的"单击"框输入：=DK("公司物品信息查询窗口")，如图 8-27 所示。

⑤ 切换到窗体视图，在"口令验证"窗口选中"确定"按钮，其文字颜色变为红色。光标移到文本框中，"确定"按钮上的文字将变为蓝色。

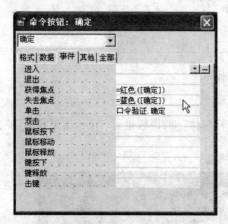

图 8-26　调用标准模块中的函数"红色"与"蓝色"　　　　图 8-27　调用函数 DK

8.3.3　创建类模块中的事件过程

每个窗体和报表对象都是一个类对象，类对象共有一个类模块。如果希望类对象的某个控件能够响应某个事件，例如，Click（单击）事件，则要为类对象中添加一个事件过程。

事件过程是一种特殊的 Sub 过程，它根据指定的控件及所响应的事件名称直接确定过程名称。事件过程用于响应窗体或报表中的事件，相应的 VBA 程序用来完成事件发生时所进行的操作。

【操作实例7】在"口令验证"窗体中添加一个图片控件，为图片控件添加一个 Click 事件过程，单击图片时图片能向左移动。

操作步骤：

（1）添加图片

在设计视图打开"口令验证"窗体，单击工具箱的"图像"按钮，在窗体中插入一个图片。

（2）打开代码编辑窗口

① 选中图像控件，单击工具栏"属性"按钮 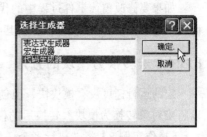 ，打开"图像"属性对话框，选择"其他"选项卡，在"名称"属性框输入"图片"。

② 在"图像"属性对话框中选择"事件"选项卡，在"单击"属性框单击最右边的 ... 按钮，打开"选择生成器"对话框，如图 8-28 所示。

图 8-28　选择代码生成器

③ 在"选择生成器"对话框中选择"代码生成器"选项，单击"确定"按钮，将打开模块窗口，在模块窗口的

"代码编辑窗口"中，可看到已经添加了私有的 Sub 过程"图片_Click ()"的框架，如图 8-29 所示。

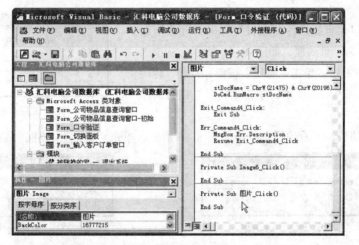

图 8-29　Sub 过程"图片_Click ()"的框架

在 Sub 过程"图片_Click ()"框架中输入以下代码：

```
图片.Left=图片.Left-50
```

④ 关闭模块窗口，返回属性对话框，可在"单击"属性框看到文字"[事件过程]"，如图 8-30 所示，表示在这里添加了事件过程。

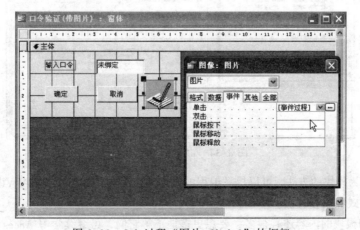

图 8-30　Sub 过程"图片_Click ()"的框架

⑤ 切换到窗体视图，在"口令验证"窗体中单击图片，可看到图片会向左移动。

如果要修改窗体事件过程中的代码，可在窗体设计视图中打开窗体，然后单击工具栏上的"代码"按钮 ，打开模块窗口，在其中的代码编辑窗口中进行修改。

8.3.4　宏转换为模块的方法

宏的运行速度没有模块快，但创建宏对象简单，不用编写代码。为了提高宏的运行速度，可以将宏对象转换为模块，转换后的模块与原来的宏具有相同的功能，但运行速度更快。

【操作实例 8】将"执行多个任务的宏"转换为模块。

操作步骤：

① 在数据库窗口"对象"栏选择"宏"对象，在对象列表中选中要转换为模块的宏"执行多个任务的宏"。

② 在主窗口菜单栏选择"文件"→"另存为"命令，打开"另存为"对话框，如图 8-31 所示，从中选择保存类型为"模块"，单击"确定"按钮，打开"转换宏"对话框，如图 8-32 所示，单击"转换"按钮，即可进行转换。

图 8-31　保存类型为"模块"

③ 转换成功后，可看到提示框，如图 8-33 所示，单击"确定"按钮，结束转换任务。

图 8-32　"转换宏"对话框

图 8-33　转换成功提示框

④ 打开模块窗口，可看到转换过来的模块名称，如图 8-34 所示。

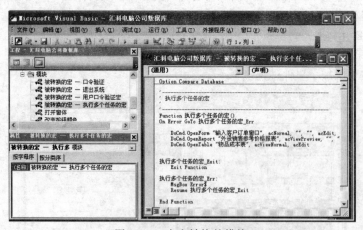

图 8-34　由宏转换的模块

使用宏转换为模块的方法，可以提高编程的效率和正确性，同时可以学习 VBA 语句、语法以及规范的程序格式和编程方法。

VBA 语言和模块的内容还有很多，要想更多地了解它们，可继续学习 Access 模块和 VBA 编程的相关书籍。

小结与提高

1．宏的作用

通过对本章的学习要清楚宏的作用，它是 Access 提供的一种可以控制其他数据库对象、自动执行某种操作命令的数据库对象。与命令按钮不同的是，按钮只能执行一个命令，而宏可以执行多个操作命令，使用宏可以一次完成多个操作任务。

使用宏可以提高数据库的使用效率，简化数据库的操作。通过宏可以将表、查询、窗体、报表等数据库对象有机地组织起来，如果要建立数据库应用系统必须使用宏。

2．宏的分类

要想很好地使用宏，要了解有哪些类型的宏。Access 提供了三种类型的宏，它们是：操作序列宏、宏组和条件操作宏，它们各自具有不同的功能和特点。

操作序列宏是结构最简单的宏。宏中只包含按顺序排列的各种操作命令，使用时会按照从上到下的顺序执行各个操作命令。

宏组由多个宏构成，它们用来共同完成一项任务，放在一个组中便于管理与维护。

条件操作宏是指带有判定条件的宏。这类宏在运行之前先判断条件是否满足，如果满足则运行宏，如果不满足，则不运行宏。如果宏的当前行条件不满足，会执行下一行的操作命令。

3．创建宏的方法

创建宏只有一种方法，就是使用设计器来创建。通过设计器不仅可以创建上面介绍的三种类型的宏，还可以通过创建宏来创建数据库应用系统中窗体界面上使用的菜单栏，菜单栏可以由下拉菜单宏和菜单条宏组成。

4．使用宏的方式

创建好的宏可以在数据库窗口直接运行，以检查创建的宏是否符合设计的要求。

宏的主要使用方式是将宏绑定在某个控件对象上，通过控件的事件驱动运行宏。

5．创建模块

模块是 Access 中一个重要的对象，它比宏的功能更强大，运行速度更快，能直接运行 Windows 的其他程序。使用模块可以建立用户自己的函数、完成复杂的计算、执行宏所不能完成的任务。使用模块可以开发十分复杂的应用程序，使数据库系统功能更加完善。创建模块对象需要使用 VBA 语言，因此要想很好地使用模块对象还需要进一步学习有关知识。

思考与练习

一、问答题

1．什么是宏？宏有什么作用？有几种类型的宏？宏有几种视图？

2．什么是模块？它有什么作用？

3. 什么是类模块？什么是标准模块？它们各有什么特点？

4. 什么是函数过程？什么是 Sub 过程（子程序）？

5. 什么是事件过程？它有什么特点？

6. 什么是 VBA？

7. VBA 中常量、变量、表达式的含义是什么？

8. VBA 程序包含哪几种流程控制？它们是如何定义的？

二、上机操作

1. 创建一个可以顺序打开窗体、查询、表对象的操作序列宏。

2. 创建名称为"打开对象"模块中的自定义函数"CT"与"CX"，并创建一个窗体进行验证。

3. 按以下要求创建一个"用户密码验证"窗体。

（1）创建一个用户口令表，包括"用户名"、"口令"、"姓名"字段。

（2）创建一个"用户密码验证"窗体，可以在其中的文本框输入用户名、口令，该窗体如图 8-35 所示。

（3）为命令按钮创建宏，单击"确定"按钮，如果输入的用户名与口令与数据库中的相同，可打开一个指定窗体，否则可以重新输入。单击"取消"按钮，可关闭"用户密码验证"窗体。

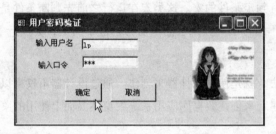

图 8-35　"用户密码验证"窗体

4. 为"用户密码验证"窗体的主体创建一个事件过程，当单击窗体时，其背景色变为蓝色。（提示：可使用语句"主体.BackColor = vbBlue"）。

第 *9* 章 | 创建 Access 数据库应用系统

学习目标

- ☑ 了解建立数据库应用系统各个阶段的任务
- ☑ 能够使用控制面板创建主界面
- ☑ 能够使用宏创建控制菜单
- ☑ 掌握完善 Access 数据库的方法

9.1 数据库应用系统的开发阶段与任务

数据库应用系统是指在计算机软硬件系统和某一种数据库管理系统的支持下，针对某一方面的实际应用为用户提供信息服务的系统。数据库应用系统一般包含多个子系统，子系统又包含多个功能模块，需要完成很多复杂的操作和使用数据库的任务。

开发数据库应用系统如同完成一个大工程，要想开发一个高质量的数据库应用系统，需要采用软件开发方法。常用的软件开发方法将开发应用系统分为不同阶段，每个阶段完成不同的任务，循序渐进地进行开发的各项工作。根据软件开发方法可将开发数据库应用系统过程分为系统调查与需求分析、概要设计、详细设计、编码、测试、维护几个阶段。

本节的主要内容是了解开发数据库应用系统各阶段所要完成的任务。

9.1.1 系统调查与需求分析

系统调查与需求分析阶段的主要任务是详细调查用户现有系统的组织、系统功能、数据结构，了解用户对数据库应用系统的具体要求，根据调查结果进行深入的需求分析，编写用户需求说明书，提出一个建立数据库应用系统的初步方案。

9.1.2 系统概要设计

系统概要设计阶段的主要任务是在系统需求分析的基础上建立数据库应用系统的总体结构，划分数据库应用系统的子系统和子系统的功能模块，编写概要设计说明书。

例如，在"汇科电脑公司数据库"应用系统需求分析的基础上，可设计"汇科电脑公司信息管理系统"的总体结构，并使用总体结构图描述它们的构成，如图 9-1 所示（由于页面限制只列出了部分功能模块，根据需要可以添加或删除相应的功能模块）。

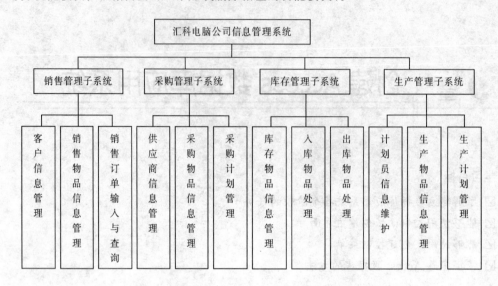

图 9-1　汇科电脑公司信息管理系统总体结构

9.1.3　系统详细设计

详细设计阶段的主要任务是进行数据库设计、模块设计、界面设计、输入设计、输出设计等。

数据库设计是指根据用户需要确定数据库中要输出什么信息，输入什么数据，如何按不同主题的表存储数据，表由哪些字段组成，表之间存在什么关系，最好能建立 E-R 模型、逻辑模型、物理模型。

模块设计是指组成子系统的一个个功能，这里所说的模块是指功能模块，就是能做什么具体任务。对 Access 来讲，模块设计的任务就是设计查询、窗体、报表对象的任务。

模块设计的结果可使用 IPO 图来描述。IPO 图是描述模块数据输入、数据输出、数据处理算法的工具，如图 9-2 所示。同理，IPO 图可以用来描述界面设计、输入设计、输出设计等设计的内容。

界面设计是指组成应用系统的一个个窗口界面，在 Access 中，界面设计就是设计数据库应用系统主界面（主控界面）、子系统界面、功能模块界面，考虑界面上显示什么数据、提示信息、输入输出什么的数据、图片、字体、颜色等。

输入设计是指如何简单、方便、快捷、正确地将数据输入到数据库中，可以使用外部数据直接导入，在 Access 中，输入设计就是要设计何种类型的窗体对象解决数据输入的问题。

输出设计是指如何方便、快捷、正确、美观地将用户需要的数据展示在用户眼前或将数据打印出来送到用户手中，在 Access 中，输出设计就是要设计何种形式的查询、窗体、报表对象解决数据输出的问题。

```
                              IPO 图

 系统名：汇科电脑公司信息管理系统        编制人：×××
 模块名：物品信息查询与打印             编号：12

 ┌─────────────────────────┐   ┌─────────────────────────┐
 │ 由哪些模块调用：            │   │ 调用哪些模块：            │
 │ "库存管理子系统"菜单或窗体    │   │ "物品信息查询报告"报表      │
 └─────────────────────────┘   └─────────────────────────┘

 ┌─────────────────────────┐   ┌─────────────────────────┐
 │ 输入：物品类型/物品名称       │   │ 输出：物品信息或打印报告     │
 └─────────────────────────┘   └─────────────────────────┘

 ┌────────────────────────────────────────────────────────┐
 │ 算法说明：                                               │
 │  通过窗口上的文本框，输入物品类型、物品名称、制购类型、物品入库日   │
 │ 期等查询要求，可以输入单个查询要求，也可以输入组合查询要求。       │
 │  通过命令按钮，打开"物品信息查询报告"报表。                   │
 │  预览"物品信息查询报告"报表、并可根据需要打印报表。            │
 │                                                        │
 └────────────────────────────────────────────────────────┘

 ┌────────────────────────────────────────────────────────┐
 │ 局部数据：                                               │
 └────────────────────────────────────────────────────────┘
```

图 9-2 "物品信息查询与打印"窗体模块的 IPO 图

9.1.4 程序设计（编码）

程序设计阶段的主要任务是选定计算机程序语言，根据详细设计的结果编写源程序，将设计中的逻辑模块变成计算机中可以运行的物理模块，也可称为编码阶段。在 Access 中，程序设计阶段的任务就是创建数据库、表、查询、窗体、页、宏、模块对象，与使用其他开发语言相比，用 Access 进行程序设计是非常轻松的，使用向导就可以完成绝大多数的程序设计工作。

9.1.5 系统测试

测试是数据库应用系统开发过程的最后一个阶段。其主要任务是将编码阶段创建的物理模块、由物理模块组成的子系统、由子系统组成的整个应用系统进行测试，检查各个模块的功能是否符合设计要求，子系统是否能够正常控制各个模块，系统是否能够正常控制各个子系统。在数据库应用系统交付给用户使用之前尽可能多地检查出系统存在的错误。因为开发的应用系统肯定存在一些错误或不完善的地方，而且不可能发现系统中所有的问题，所以，在测试中要精心设计一些测试用例尽可能多地发现错误，纠正错误。

9.1.6 系统维护

系统维护是指在开发的数据库应用系统软件交付用户后，为了改正系统中存在的缺陷以及满足用户新的功能需求、性能需求而修改系统的过程。系统维护的主要任务是改正软件中残留的错误，尽可能多次更新软件版本，以适应改善运行环境和加强产品性能等的需要。

9.2　创建应用系统的主控界面

任何软件系统都要有一个主控界面，由它引导用户操作和使用软件的功能来完成不同的任务。数据库应用系统的主控界面由主窗口、子系统窗口、菜单栏、命令按钮组成。

通过主控界面可以控制子系统界面，通过子系统界面可以控制各个功能模块，通过功能模块可以控制所有的数据库对象。

主控界面将引导用户操作和使用数据库应用系统，完成管理数据资源，使用数据库中信息等各种任务。通过主控界面可将子系统、功能模块、数据库对象有机地组织在一起。

创建 Access 数据库应用系统的主控界面有两种方式：

① 使用 Access 提供的切换面板管理器来创建，它可以快速创建一个含有命令按钮的主窗口和不同子窗口界面，通过不同的子窗口界面控制各个数据库对象，完成管理和使用数据库的不同任务。

② 由开发人员自己创建，根据需要创建包含命令按钮和宏对象的主窗口及子窗口界面，通过宏来控制数据库对象的操作，自己创建菜单栏和工具栏。

本节介绍使用切换面板管理器与宏对象创建主控界面的方法，了解如何通过主控界面控制子窗口界面，通过不同的子窗口界面控制各个数据库对象完成管理和使用数据库的不同任务。

9.2.1　通过切换面板管理器创建主控界面

Access 提供了一个专门生成控制数据库对象主控界面窗体的工具，该工具称为切换面板管理器，通过它可以生成一个称为"切换面板"的主控界面窗体对象，通过设置主控界面上的命令按钮或菜单可以自动创建各个子系统界面，通过设置子系统界面上的命令按钮或菜单可以控制所创建的各种数据库对象，完成操作和使用数据库的各种任务。

1. 创建切换面板页

通过 Access 的切换面板管理器可以创建多个切换面板页。切换面板页为固定模式的窗体对象，可以自动生成为主窗口界面与子窗口界面，窗口界面上根据设置要求可以自动添加相应的命令按钮以控制子窗体界面或其他数据库对象。

根据"汇科电脑公司信息管理系统"的概要设计，需要为系统创建六个切换面板页来控制并运行应用系统，它们是：

"汇科电脑公司信息管理系统"主控界面，窗口上应包含销售管理子系统、生产管理子系统、采购管理子系统、库存管理子系统、系统管理子系统、退出系统等命令按钮项目。

"销售管理子系统"、"生产管理子系统"、"采购管理子系统"、"库存管理子系统"、"系统管理子系统"五个子系统界面，窗口上包含运行不同窗体、报表、表、查询、页等数据库对象的命令按钮，用来完成操作和使用数据库数据的任务。

【操作实例 1】在"汇科电脑公司数据库"数据库中使用 Access"切换面板管理器"创建"切换面板"中名称为"汇科电脑信息管理系统"的主控界面切换面板页。

操作步骤：

（1）打开"切换面板管理器"对话框

① 启动 Access，打开"汇科电脑公司数据库"数据库，在菜单栏选择"工具"→"数据库
实用工具"→"切换面板管理器"命令，如果是第一次使用切换面板管理器，将出现如图 9-3 所
示的提示框。

图 9-3 切换面板管理器提示框

② 单击"是"按钮后将打开"切换面板管理器"对话框，如图 9-4 所示，对话框中存在一
个 Access 创建好的名称为"主切换面板"的默认的切换面板页。

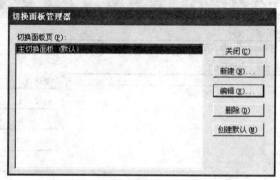

图 9-4 "切换面板管理器"对话框

（2）创建切换面板页

① 在"切换面板管理器"对话框中单击"新建"按钮。

② 在出现的"新建"对话框的文本框中输入应用系统的名称"汇科电脑公司信息管理系统"，
如图 9-5 所示。

③ 单击"确定"按钮。在切换面板管理器中会出现名为"汇科电脑公司信息管理系统"的
切换面板页。它表示生成了一个主窗口框架。

以同样方式，创建其他五个子系统界面的切换面板页。在切换面板管理器中可以看到创建的
切换面板页，图 9-6 所示表示已经创建了六个窗体对象，但他们只是一个窗体框架，还需要在其
上添加控制命令按钮。

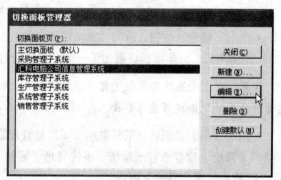

图 9-5 对切换面板页进行编辑 　　　　　图 9-6 "新建"切换面板页对话框

2. 为主切换面板页（主控界面）添加项目

主切换面板页（主控界面）的主要任务是负责主控界面与各个子系统界面之间进行切换及退出系统，实现切换与退出系统需要命令按钮来进行操作，下面为主控界面添加命令按钮。

【操作实例2】在"汇科电脑公司信息管理系统"切换面板页上添加项目，即定义切换面板页窗体上命令按钮的标题、操作命令与操作对象。

操作步骤：

① 接"操作实例1"的最后步骤，在"切换面板管理器"对话框中选中切换面板页"汇科电脑公司信息管理系统"，如图9-6所示。

② 单击"编辑"按钮，打开"编辑切换面板页"对话框，如图9-7所示。

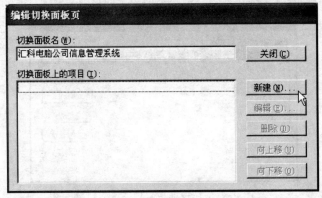

图 9-7 "编辑切换面板页"对话框

③ 单击"新建"按钮，打开"编辑切换面板项目"对话框，如图9-8所示。

• 在"文本"框中输入项目名称，例如"销售管理子系统"，如图9-8所示。

• 在"命令"下拉列表中选择"转至'切换面板'"操作命令，如图9-8所示。

• 在"切换面板"下拉列表中选择"销售管理子系统"切换面板页，如图9-8所示。

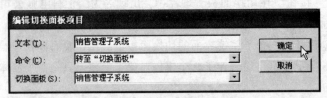

图 9-8 给切换面板添加项目

• 单击"确定"按钮，返回"编辑切换面板页"对话框，可以看到为"汇科电脑公司信息管理系统" 切换面板页添加了一个"销售管理子系统"的项目，如图9-10所示。

注意：以上设置结果是在主窗口添加了一个"销售管理子系统"按钮，单击按钮会打开"销售管理子系统"面板页窗体界面。

• 用同样的方式创建"汇科电脑公司信息管理系统"切换面板上的其他项目：生产采购管理子系统、库存管理子系统、系统管理子系统。

④ 添加"退出系统"项目。

单击"新建"按钮，打开"编辑切换面板项目"对话框，在"文本"框中输入"退出系统"，在"命令"下拉列表中选择"退出应用程序"操作命令，如图 9-9 所示。执行该操作命令将关闭整个应用程序。

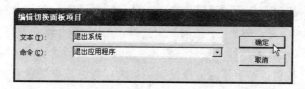

图 9-9 给切换面板添加"退出系统"项目

⑤ 单击"确定"按钮，返回"编辑切换面板页"对话框，就完成了给"汇科电脑公司信息管理系统"切换面板页添加项目的任务，添加的项目如图 9-10 所示。

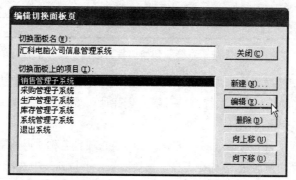

图 9-10 "汇科电脑公司信息管理系统"切换面板中添加的项目

在"编辑切换面板项目"对话框中单击"关闭"按钮会返回"切换面板管理器"对话框，可继续为其他切换面板页添加项目。

3．为子系统切换面板页（子系统界面）添加命令按钮

子系统切换面板页命令按钮的任务是用来操作不同的数据库对象与返回主控界面。

【操作实例 3】在"销售管理子系统"切换面板页添加命令按钮项目。

操作步骤：

（1）添加"查询销售物品客户价格"项目

① 在"切换面板管理器"对话框中选中"销售管理子系统"切换面板页。

② 单击"编辑"按钮，打开"编辑切换面板页"对话框。

③ 单击"新建"按钮，打开"编辑切换面板项目"对话框，在其中的"文本"文本框中输入项目名称"查询销售物品客户价格"，在"命令"下拉列表中选择"打开报表"选项，在"报表"下拉列表中选择"客户销售价格"选项，如图 9-11 所示。单击"确定"按钮会打开"客户销售价格"报表。

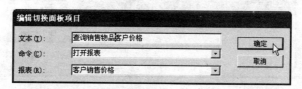

图 9-11 "销售管理子系统"切换面板页添加"查询销售物品客户价格"项目

（2）添加"输入销售订单"项目

① 单击"编辑"按钮，打开"编辑切换面板页"对话框。

② 单击"新建"按钮，打开"编辑切换面板项目"对话框，在其中的"文本"框中输入项目名称"输入销售订单"，在"命令"下拉列表中选择"在'编辑'模式下打开窗体"命令，在"窗体"下拉列表中选择"输入客户订单窗口"窗体，如图 9-12 所示。

③ 单击"确定"按钮，结束添加命令按钮项目的任务，该设置表示在"销售管理子系统"切换面板页单击"输入销售订单"命令按钮会打开"输入销售订单"窗体。

图 9-12　为"销售管理子系统"切换面板页添加"输入销售订单"项目

用同样的方式为切换面板页添加其他项目，例如添加"查询销售订单执行情况"（可打开窗体对象"客户订单执行情况"，根据系统需要可随时创建所需要的各种数据库对象）。

（3）添加"返回主界面"项目

在"编辑切换面板项目"对话框的"文本"框中输入项目名称"返回主界面"，在"命令"下拉列表中选择"转至'切换面板'"命令，在"切换面板"下拉列表中选择"汇科电脑公司信息管理系统"切换面板页，如图 9-13 所示。

图 9-13　为"销售管理子系统"切换面板页添加"返回主界面"项目

为"销售管理子系统"切换面板页添加的项目如图 9-14 所示。

注意： 在添加项目前，要先创建好使用的窗体、报表和宏对象。

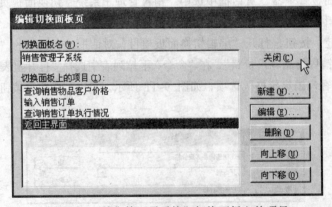

图 9-14　"销售管理子系统"切换面板上的项目

4．设置默认切换面板

默认的切换面板可以指定为打开该数据库时自动打开的第一个窗体。设置默认的切换面板的方法如下：

① 在"面板管理器"对话框选中"汇科电脑公司信息管理系统"切换面板页。

② 单击"创建默认"按钮，可将该页设置为默认切换面板页，如图 9-15 所示。

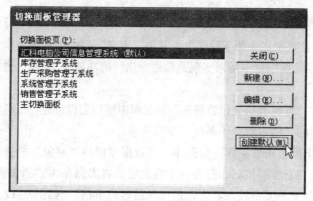

图 9-15　设置默认切换面板

在"切换面板管理器"对话框中单击"关闭"按钮，可结束创建切换面板的工作。如果需要修改其中的设置，可重新打开"切换面板管理器"对话框进行添加、删除等修改工作。

5．测试切换面板窗体

主控界面创建后，可在数据库窗体视图中进行测试，检验主控界面是否能正常操作各个数据库对象，完成用户提出的功能要求。测试的方法如下：

① 在数据库窗口选择"窗体"对象，会发现多了一个"切换面板"窗体对象，双击该窗体对象可打开图 9-16 所示的主控界面。

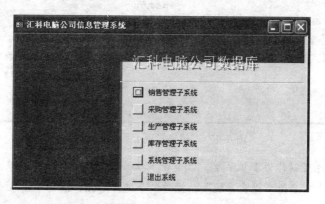

图 9-16　"汇科电脑公司信息管理系统"主控界面

② 单击各个命令按钮打开相应切换面板或窗体。

③ 单击"退出系统"按钮，关闭该数据库窗口。

注意：如果"切换面板"窗体不够美观，可以像其他窗体一样进行美化与编辑。

9.2.2　通过宏组创建菜单栏

主控界面是通过窗体界面上的命令按钮来控制应用系统的，能否像窗口一样使用菜单栏与菜单命令来控制与使用应用系统呢？通过宏对象可以创建在窗口界面使用的菜单栏。

创建菜单栏需要两个环节：一个环节是创建菜单栏上显示菜单命令的下拉菜单；一个环节是创建存放下拉菜单的菜单条。

1．创建下拉菜单的方法

通过宏组可以创建菜单栏中的下拉菜单，其中"宏名"列中的标题将作为下拉菜单中的菜单名，"操作"列中指定的操作命令用来实现菜单命令执行的功能，"注释"列中的信息用于在状态条上显示说明信息。

【操作实例 4】在"汇科电脑公司数据库"数据库中使用宏组创建"汇科电脑公司信息管理系统"主控界面中使用的"销售管理子系统"下拉菜单。

① 打开"汇科电脑公司数据库"数据库，在数据库窗口"对象"栏选择"宏"对象，在数据库窗口工具栏单击"新建"按钮，打开一个空白宏，将宏保存为"销售管理子系统"。

② 在"宏名"列下单元格输入"查询销售物品客户价格"，如图 9-17 所示。

③ 在"操作"列下拉命令选项中选择 OpenReport。在"操作参数"区的"报表名称"栏中选择"客户销售价格"报表，其他参数设置如图 9-17 所示。

④ 在"注释"列下单元格输入"通过报表浏览客户价格"，如图 9-17 所示。

⑤ 用同样的方式创建"输入销售订单"、"查询销售订单执行情况"等宏，所创建的"销售管理子系统"宏组如图 9-17 所示。它将作为下拉菜单来使用。

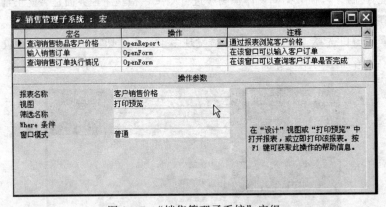

图 9-17　"销售管理子系统"宏组

注意：单个宏也可以作为下拉菜单，只是在下拉菜单中只包含单个菜单，例如"退出系统"宏，其中只包含一个宏名为"退出系统"，操作命令选择 Quit，注释中输入"退出 Access 系统"即可。

用同样的方式可以创建"数据库基本数据维护子系统"、"采购管理子系统"、"生产管理子系统"、"库存管理子系统"、"退出系统"等宏。

2．创建菜单条

定义下拉菜单后，可以创建存放下拉菜单的"菜单条"宏。添加下拉菜单后的"菜单条"即为窗体使用的菜单栏。

【操作实例 5】创建包含不同下拉菜单名称为"菜单条"的宏。

操作步骤：

① 在"汇科电脑公司数据库"数据库中打开宏设计器，保存宏为"菜单条"。

② 在"操作"命令栏选择 AddMenu（添加菜单）操作命令，如图 9-18 所示。

③ 在"操作参数"区"菜单名称"栏输入将在菜单栏上显示的菜单名称，例如"销售管理子系统"，在"菜单宏"栏选择该菜单使用的下拉菜单宏，即为该菜单名称添加下拉菜单，在"注释"列输入在状态栏显示的信息，如图 9-18 所示。

④ 用同样的方式选择 AddMenu 操作命令，添加不同名称的下拉菜单，最后创建的"菜单条"宏如图 9-18 所示。

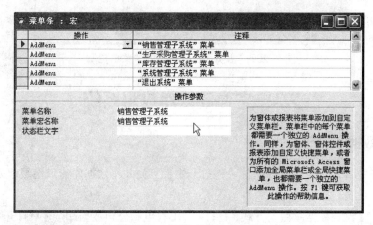

图 9-18　创建"菜单条"宏

3．为窗体添加菜单栏

创建的"菜单条"宏可以添加到不同窗体上作为菜单栏使用。

【操作实例 6】将创建的"菜单条"宏作为菜单栏添加到主控界面上。

操作步骤：

① 在"汇科电脑公司数据库"数据库的窗体设计视图中打开"切换面板"窗体。

② 打开"窗体"属性对话框，在"其他"选项卡的"菜单栏"属性框中输入"菜单条"，即刚创建的作为菜单条的宏名，如图 9-19 所示。

4．测试菜单条

为"切换面板"窗体设置"菜单栏"属性后，切换到窗体视图，可以看到如图 9-20 所示的菜单栏，可以单击其中的菜单测试是否能正常打开各个窗体或报表。可以看到由"菜单条"宏创建的菜单栏替换了原来 Access 主窗口上的菜单栏。

图 9-19　在窗体"菜单栏"属性框输入"菜单条"宏名

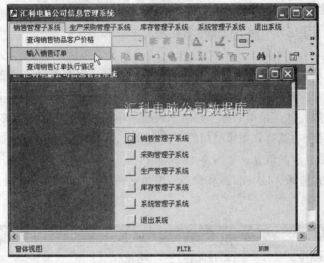

图 9-20　"切换面板"窗体的"菜单栏"

9.3　完善数据库应用系统

9.3.1　设置数据库启动方式

如果希望在启动 Access 数据库时能直接打开主控界面并将数据库窗口隐藏起来，可按照下面的操作实例进行设置。

【操作实例 7】设置数据库启动方式，在打开"汇科电脑公司数据库"时只打开主控界面窗口。

操作步骤：

① 在 Access 中打开"汇科电脑公司数据库"数据库，在菜单栏上选择"工具"→"启动"命令。

② 打开"启动"对话框，在"应用程序标题"框输入应用程序标题"汇科电脑公司信息管理系统"。

③ 在"显示窗体/页"下拉列表框中选择"切换面板"窗体对象。

④ 取消选择"显示数据库窗口"复选框，设置后结果如图 9-21 所示。

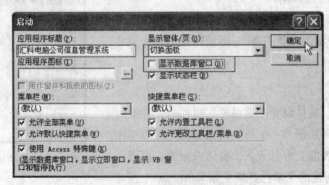

图 9-21　设置主控界面启动方式

⑤ 单击"确定"按钮后，结束数据库启动方式的设置。

设置数据库的启动方式后，可在"资源管理器"存放"汇科电脑公司数据库"数据库的文件夹中双击 "汇科电脑公司数据库"名称或图标，将自动打开主控界面"切换面板"窗体，同时隐藏数据库窗口，如图 9–22 所示。

如果需要数据库窗口出现，可在菜单栏选择"窗口"→"取消隐藏"命令。

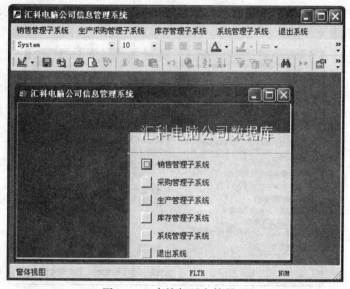

图 9–22　直接打开主控界面

9.3.2　压缩与修复数据库

1. 压缩数据库

经常使用数据库应用系统后，会在数据库文件中出现一些无用的"碎片"增加数据库文件存储空间，为了有效地使用磁盘空间，提高数据库的使用效率，可对数据库进行压缩处理。压缩的操作步骤如下：

① 在 Access 中打开"汇科电脑公司数据库"数据库。

② 在菜单栏选择"工具"→"数据库实用工具"→"压缩和修复数据库"命令，即可压缩该数据库文件。

2. 修复数据库

如果数据库进行操作时，若发生意外事故，导致数据库中的数据遭到破坏，此时可关闭所有的数据库文件，对数据库进行修复处理。修复的操作步骤如下：

① 在菜单栏选择"工具"→"数据库实用工具"→"压缩和修复数据库"命令。

② 打开"修复数据库"对话框，从中选择要修复的数据库文件，然后单击"修复"按钮，即可开始修复数据库的任务，修复数据库文件后会显示是否修复成功。

9.3.3　设置专用数据库文件夹

在对数据库对象进行操作时，如果用户没有特别设置数据库文件的保存位置，系统会将其保存在"我的文档"文件夹中。一般，为了数据库文件的安全及操作的便利，可设置一个专用的数据库文件夹。设置专用文件夹的操作步骤如下：

① 在 Access 中打开"汇科电脑公司数据库"数据库，在菜单栏选择"工具"→"选项"命令。

② 在打开的"选项"对话框中选择"常规"选项卡，在"默认数据库文件夹"文本框中输入自己定义的文件夹路径及名称，如图 9-23 所示。

③ 单击"确定"按钮后，再在菜单栏选择"打开"命令时可直接打开该文件夹，创建的数据库会直接保存在该文件夹中。

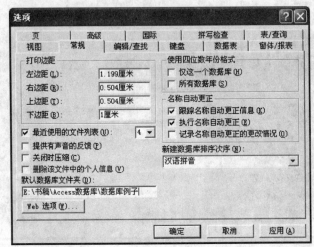

图 9-23 设置专用数据库文件夹

9.3.4 设置数据库密码

若想保护数据库不被别人使用、修改及窃用，用户可以给数据库设置密码。

【操作实例 8】 为"汇科电脑公司数据库"设置密码。

操作步骤：

（1）以独占方式打开数据库

① 启动 Access，在菜单栏选择"文件"→"打开"命令。

② 在"打开"对话框中，先选择数据库文件，然后在对话框"打开"按钮旁的下拉菜单中选择"以独占方式打开"选项，如图 9-24 所示，最后单击"打开"按钮，打开该数据库。

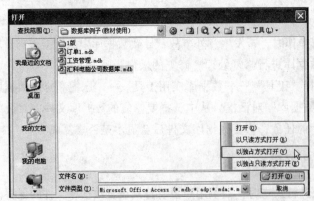

图 9-24 "打开"对话框

（2）设置密码

① 在数据库窗口菜单栏中选择"工具"→"安全"→"设置数据库密码"命令。

② 在打开的"设置数据库密码"对话框中输入密码与验证密码，如 1234，如图 9-25 所示。

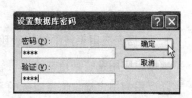

③ 单击"确定"按钮，即为数据库设置了密码，再打开数据库时会先打开输入密码对话框。

图 9-25 "设置数据库密码"对话框

如果要取消密码，可再次在菜单栏选择"工具"→"安全"→"取消数据库密码"命令。

注意： 密码使用字母时会区分大小写。另外，密码一定要记牢，一旦忘记，就打不开数据库了。

9.3.5 转换数据库文件格式

数据库文件格式与使用的 Access 软件版本可能不一致，例如数据库文件可能是 Access 97 文件格式或 Access 2000 文件格式。而使用的 Access 版本是 2002–2003 版本的。怎样使数据库文件格式与使用的 Access 版本一致呢？

【操作实例 9】将 Access 2000 文件格式的数据库文件转换为 Access 2002–2003 文件格式。

操作步骤：

① 启动 Access，在菜单栏选择"工具"→"数据库实用工具"→"转换数据库"→"转为 Access 2002–2003 文件格式"命令，打开"数据库转换来源"对话框。

② 在对话框中先选择数据库文件，例如"汇科电脑公司数据库"，然后单击"转换"按钮，打开"将数据库转换为"对话框。

③ 在对话框中输入转换后的数据库名称"汇科电脑公司数据库 2003"，单击"保存"按钮。将在当前文件夹下看到转换生成的数据库文件"汇科电脑公司数据库 2003"。

注意： 可将文件格式从低向高版本转换，也可将文件格式从高向低转换。转换的目的是能与当前使用的 Access 软件一致。否则可能会出现不识别的问题，以致有些功能不能使用。

9.3.6 生成可执行文件

当整个数据库应用系统的所有模块都完成后，测试通过，让用户试运行达到了用户需求，可以将 mdb 格式的数据库文件，生成为 mde 格式的可执行文件。mde 格式文件可将数据库中的窗体、报表、模块对象等进行编译与压缩，执行速度快，并可保护程序，不能对数据库对象进行修改，不能看到模块的内容与代码。

生成可执行文件的方法如下：

① 启动 Access，在菜单栏选择"工具"→"数据库实用工具"→"生成 MDE 文件"命令。

② 打开"保存数据库为 MDE"对话框，从中选择要生成可执行文件的数据库文件，例如"汇科电脑公司数据库 2003"。

③ 单击"生成"按钮，即可执行生成 MDE 文件的任务。

任务结束后，可在当前文件夹中看到生成的 MDE 可执行文件。

小结与提高

1．数据库应用系统的开发阶段

数据库应用系统是指在计算机软硬件系统和某一种数据库管理系统的支持下，针对某一方面的实际应用为用户提供信息服务的系统。一个数据库应用系统一般包含多个子系统，子系统又包含多个功能模块，用来完成操作和使用数据库的任务。

开发数据库应用系统如同完成一个大工程，要想开发一个高质量的应用系统，需要采用一定的开发方法。通常使用的软件开发方法是将软件开发工作分为不同阶段，每个阶段完成不同的任务，循序渐进地进行系统开发的各项工作。

通过对本章的学习要了解开发数据库应用系统的系统调查与需求分析、概要设计、详细设计、编码、测试、维护几个阶段应完成的任务。能够根据用户的实际需要开发一个数据库应用系统。

系统调查与需求分析阶段是开发数据库应用系统工作的重点，只有调查到充分的数据，将用户的需求分析正确，才能为系统设计打好基础。只有经过系统的概要设计与详细设计，才能为程序设计打好基础。数据库设计为建立数据库结构打基础，概要设计为子系统划分、功能模块划分、系统菜单打基础。只有经过严格的测试，找出并及时解决系统中的问题，才能给用户一个满意的数据库应用系统。

2．创建主控界面

数据库应用系统都要有一个主控界面，用来控制所有的数据库对象，引导用户操作和使用数据库，完成管理数据资源、使用数据库中信息的任务。主控界面一般由主窗口及子窗口界面、菜单栏、命令按钮组成。

主控界面也可以由开发人员自己创建，根据需要创建包含命令按钮和宏对象的主窗口及子窗口，通过宏来控制数据库对象，还可以使用宏为主窗口及子窗口创建菜单栏和工具栏。

主控界面常用 Access 提供的切换面板管理器来创建，它可以快速创建一个含有命令按钮的主窗口和不同子窗口界面，通过不同的子窗口界面控制各个数据库对象，完成管理和使用数据库的不同任务。

① 切换面板管理器。

切换面板管理器是 Access 提供的专门制作主控界面窗体的工具，通过切换面板管理器可以快速完成创建主控界面、子系统界面、功能模块界面及界面与数据库对象的接口的任务。

② 切换面板页。

主控界面是由多个切换面板页组成。切换面板页是 Access 提供的按固定模式创建的窗体对象，在其上通过设置自动生成命令按钮项目来控制数据库对象。

本章根据"汇科电脑公司信息管理系统"概要设计，创建了六个切换面板页来控制、运行、使用"汇科电脑公司信息管理系统"，它们是：

"汇科电脑公司信息管理系统"主控界面，界面上应包含数据库"基本数据维护子系统"、"销售管理子系统"、"生产管理子系统"、"采购管理子系统"、"库存管理子系统"、"退出系统"命令按钮项目。

"销售管理子系统"、"生产管理子系统"、"采购管理子系统"、"库存管理子系统"、"系统管理子系统"五个子系统界面，界面上包含运行不同窗体、报表、表、查询、页等数据库对象的命令按钮，用来完成操作和使用数据库数据的任务。

③ 切换面板页上的项目。

在切换面板页上添加的项目，是在窗体界面上添加一个命令按钮及相应标题文字。

主控界面上的项目（命令按钮）是为了切换到各个子系统界面与退出系统。

各个子系统切换面板页上的项目（命令按钮）是用来操作不同的数据库对象与返回主控界面。

④ 在添加项目前，要先创建好使用的窗体、报表和宏对象。

⑤ 如果"切换面板"窗体不够美观，可以像其他窗体一样进行美化与编辑，添加图片、直线、颜色等。

3．创建菜单栏

在主控界面可以通过命令按钮来控制数据库对象，还可以通过菜单栏中的菜单命令来控制数据库对象。通过本章的学习要了解创建菜单栏的方法。创建菜单栏需要两个环节：创建下拉菜单；创建菜单条。

（1）创建下拉菜单

通过宏组可以创建下拉菜单，作为下拉菜单时，宏组中"宏名"列下的名称将作为下拉菜单中的菜单名，"操作"列指定的操作命令用来完成菜单执行的任务，"注释"列中的信息用于在状态条上显示说明信息。

（2）特殊的下拉菜单

单个宏也可以作为下拉菜单，即只包含单个菜单，例如"退出系统"宏，其中只包含一个宏名"退出系统"，操作命令选择 Quit，注释中输入"退出 Access 系统"即可。

（3）菜单条

菜单条是通过操作命令 AddMenu 将菜单条与下拉菜单连接在一起组成的菜单栏。

每个窗体都可以添加菜单栏，要先创建指定窗体的菜单栏，再为窗体添加菜单栏。

思考与练习

一、问答题

1. 什么是数据库应用系统？

2. 开发数据库系统一般需要经过哪些开发阶段？各个开发阶段中主要完成什么任务？

3. 按阶段进行数据库应用系统的开发工作有什么好处？

4. 主控界面指什么？它有什么作用？

5. 如何为窗口界面创建自定义菜单栏？

6. 压缩数据库有什么好处？

7. 为什么要转换数据库文件为不同的版本？

8. mde 格式的数据库文件有什么好处？

二、上机操作

1. 使用自定义窗体创建"汇科电脑公司信息管理系统"主控界面，包括主窗口与子系统窗口及相应的查询、窗体、报表等对象。通过主窗口上的命令按钮与各个子系统窗口进行切换，通过子窗口上的命令按钮控制各个数据库对象。

（1）创建主窗口，主要包含"销售管理子系统、生产管理子系统、采购管理子系统、库存管理子系统、系统管理子系统、退出系统"命令按钮，其功能是打开各个子系统窗口或退出系统。

（2）创建"销售管理子系统"子窗口，主要包含"客户关系管理（客户基本信息维护、查询客户物品价格、查询客户送货地点及要求）"、"销售物品信息管理（销售物品信息查询、输入销售订单、查询销售订单完成情况）"、"销售计划管理（销售员信息维护、制定销售需求计划、查询销售需求）"、"返回主界面"命令按钮或其他控件对象，其功能是控制数据库对象执行相关任务及返回主窗口。

（3）创建"采购管理子系统"子窗口，主要包含"供应商信息管理（供应商基本信息维护、查询供应商物品价格）"、"采购物品信息管理（采购物品信息查询、输入采购单、采购单查询）"、"采购计划信息管理（采购员信息维护、采购计划查询与打印、采购单执行情况查询）"、"返回主界面"命令按钮或其他控件对象。

（4）创建"生产管理子系统"子窗口，主要包含"生产计划员信息维护"、"生产计划查询"、"生产计划进度控制"、"返回主界面"命令按钮或其他控件对象。

（5）创建"库存管理子系统"子窗口，主要包含"库存物品信息查询与维护（库存物品信息维护、库存物品信息查询）"、"入库物品管理（采购物品入库、生产物品入库）"、"出库物品管理（销售物品出库、生产配件出库）"、"返回主界面"命令按钮或其他控件对象。

（6）创建"系统管理子系统"子窗口，主要包含"用户密码维护"、"系统菜单项目维护"、"返回主界面"命令按钮。

（根据需要可以随时添加其他子系统和子系统功能模块，只要在主窗口和子窗口添加相应命令按钮即可。）

2. 创建"汇科电脑公司信息管理系统"主控界面的菜单栏，包括菜单栏使用的各个下拉菜单。菜单栏包括以下菜单名称：销售管理子系统、生产管理子系统、采购管理子系统、库存管理子系统、系统管理子系统、退出系统。

（1）创建"销售管理子系统"下拉菜单宏，包括以下菜单名称：客户关系管理、销售物品信息管理、销售计划管理；

- 创建"客户关系管理"下拉菜单宏，包括以下菜单名称：客户基本信息维护、查询客户物品价格、查询客户送货地点及要求；
- 创建"销售物品信息管理"下拉菜单宏，包括以下菜单名称：销售物品信息查询、输入销售订单、查询销售订单完成情况；
- 创建"销售计划管理"下拉菜单宏，包括以下菜单名称：销售员信息维护、制定销售需求计划、查询销售需求；

（2）创建"采购管理子系统"下拉菜单宏，包括以下菜单名称：供应商信息管理、采购物品信息管理、采购计划信息管理；

- 创建"供应商信息管理"下拉菜单宏，包括以下菜单名称：供应商基本信息维护、查询供应商物品价格；
- 创建"采购物品信息管理"下拉菜单宏，包括以下菜单名称：采购物品信息查询、输入采购单、采购单查询；
- 创建"采购计划信息管理"下拉菜单宏，包括以下菜单名称：采购员信息维护、采购计划查询与打印、采购单执行情况查询；

（3）创建"生产管理子系统"下拉菜单宏，包括以下菜单名称：生产计划员信息维护、生产计划查询、生产计划进度控制；

（4）创建"系统管理子系统"下拉菜单宏，包括以下菜单名称：用户密码维护、系统菜单项目维护。

（5）创建"库存管理子系统"下拉菜单宏，包括以下菜单名称：库存物品信息查询与维护、入库物品管理、出库物品管理；

- 创建"库存物品信息查询与维护"下拉菜单宏，包括以下菜单名称：库存物品信息维护、库存物品信息查询；
- 创建"入库物品管理"下拉菜单宏，包括以下菜单名称：采购物品入库、生产物品入库；
- 创建"出库物品管理"下拉菜单宏，包括以下菜单名称：销售物品出库、生产配件出库。

3. 按以下要求创建一个"用户密码验证"窗体。

（1）创建一个用户口令表，包括"用户名"、"口令"、"姓名"字段。

（2）创建一个"用户密码验证"窗体，可以在其中的文本框输入用户名、口令，该窗体如图 9-26 所示。

（3）为命令按钮创建宏，单击"确定"按钮，如果输入的用户名与口令与数据库中的相同，可打开"汇科电脑公司数据库应用系统"，否则可以重新输入。单击"取消"按钮，可关闭"用户密码验证"窗体。

图 9-26　"用户密码验证"窗体

4. 将"用户密码验证"窗体设置为打开"汇科电脑公司数据库"数据库时的启动窗口。

5. 为"用户密码验证"窗体的主体创建一个事件过程，当单击窗体时，其背景色变为蓝色。（提示：可使用语句"主体.BackColor = vbBlue"）。

参 考 文 献

[1] 邵丽萍，王伟岭，朱红岩. Access 数据库技术与应用[M]. 北京：清华大学出版社，2007.

[2] 邵丽萍，张后扬，张驰. Access 数据库实用技术[M]. 北京：中国铁道出版社，2005.

[3] 姚普选. 数据库原理及应用：Access 2000[M]. 北京：清华大学出版社，2002.

[4] 李雁翎，王连平，李允俊. Access 数据库应用技术[M]. 北京：中国铁道出版社，2003.

笔 记 栏

笔记栏